U0159203

改变世界的航天计划丛书

太空狩猎：绝密战斗计划

刘进军 著

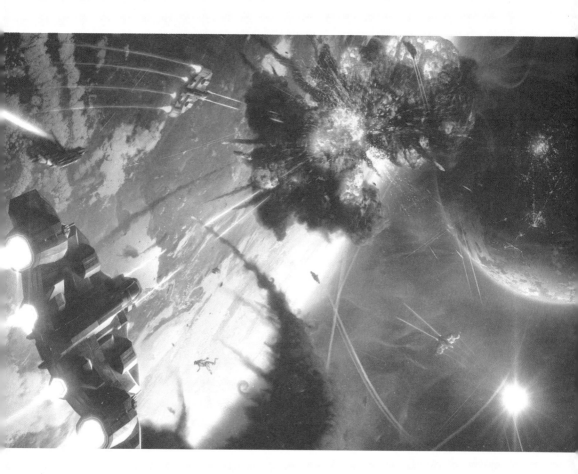

陕西新华出版传媒集团

未来出版社

图书在版编目（CIP）数据

太空狩猎：绝密战斗计划 / 刘进军著. -- 西安：
未来出版社，2020.10（2021.03 重印）
（改变世界的航天计划丛书）
ISBN 978-7-5417-7024-1

Ⅰ. ①太… Ⅱ. ①刘… Ⅲ. ①航天计划—世界—普及
读物 Ⅳ. ①V4-49

中国版本图书馆 CIP 数据核字（2020）第 138721 号

改变世界的航天计划丛书
GAIBIAN SHIJIE DE HANGTIAN JIHUA CONGSHU

太空狩猎：绝密战斗计划
TAIKONG SHOULIE：JUEMI ZHANDOU JIHUA

策划统筹　王小莉
责任编辑　王小莉
出版发行　陕西新华出版传媒集团　未来出版社
地　　址　西安市雁塔区登高路 1388 号　邮编　710061
电　　话　029-89120506
开　　本　720 mm×1020 mm　1/16
印　　张　12
字　　数　196 千字
印　　刷　陕西安康天宝实业有限公司
版　　次　2020 年 10 月第 1 版
印　　次　2021 年 3 月第 2 次印刷
书　　号　ISBN 978-7-5417-7024-1
定　　价　38.00 元

目录

第**1**章
光 与影的战争

>>>

一个啼笑皆非的谎言，一场滑稽幽默的骗局，让对手整天疑神疑鬼、肝胆欲裂，陷入惶惶不可终日的地步。一颗小卫星，一张小照片，真相穿云破雾、水落石出，改变了历史进程，世界变换了模样。科技，是第一战斗力！

1.1 大忽悠，逗你玩

　　正义会弘扬，邪恶会传染。

　　苏联领导人赫鲁晓夫动不动就拿核弹吓唬别国，让苏联"原子弹之父"库尔恰托夫觉得自己研制了核武器，也成了万恶不赦的罪人。

　　"氢弹之父"萨哈罗夫更悲伤：我想自杀！

　　阻止核战争，是一个美好的愿望。尽管世界上的主要拥核国家很热情很投入，但各种禁止核试验、核武器、洲际导弹的条约仅仅是一张白纸，况且主要核国家还拥有大量核武器。

　　在1960年联合国大会上，赫鲁晓夫宣称：我要给美国一个厉害看看！

　　这个"厉害"是什么呢？战略轰炸机！

　　战略轰炸机是指装载核武器、进行远程轰炸的轰炸机。它不仅是战略武器的重要组成部分，更是战略威慑的主力。

　　赫鲁晓夫早就在航空节，拿战略轰炸机开过玩笑了。

　　1954年5月1日，莫斯科红场举行了一场盛大的阅兵式。

　　美国驻苏联大使馆空军武官查尔斯·泰勒上校受邀观看。查尔斯·泰勒上校表面上是大使馆空军武官，实际上是美国空军侦察局的特工。他本身是一名飞机专家，灵活机智、八面玲珑，看似十分内敛，走路低着头，其实眼角总是盯着天空。他只要眼角瞄一下飞机，就能知道飞机的型号和各种技术参数。

苏联航空节：展示苏联的空中力量和航空成就

自1933年开始，如果天气允许，苏联会在8月的第三个星期日举办航空表演，展示苏联空军的成就和强大，威慑敌人。这一天被苏联称为"苏联空军机队日"或"苏联空军日""苏联航空节"。

1933年8月18日，苏联航空节飞行表演在莫斯科机场首次举行。

每次航空节，军乐团都会奏响雄壮的苏联国歌，斯大林和苏联党政领袖会兴高采烈地检阅苏联空军和各种战机。

1937年航空节，近百万苏联百姓在天空中看到几百架战机组成的"列宁""斯大林"字样和"苏联"简写"CCCP"。

在苏联国歌声中，100门礼炮齐鸣20响，人群欢声雷动。当苏联空军大检阅开始，响起《空军进行曲》，一批批的战机从头顶呼啸而过，震耳欲聋。

为了展示苏联红军的强大，振奋苏联人民的爱国热情，震慑西方，苏联每年都要在重大节日举行阅兵或航空节，这一传统一直延续到苏联解体。

阅兵式上装甲车、坦克车首先进入红场

莫斯科红场阅兵的盛大场面

泰勒上校到苏联来的目的是刺探苏联空军的实力。他还有一个特别任务：搞清楚苏联的战略轰炸机到底有多少，性能怎么样。

这天，在阅兵式上，泰勒上校震惊地看见了苏联空军的一种战略轰炸机。当晚，他向华盛顿发回密电：大事不妙！苏联一批 M-4 战略轰炸机以分列式队形，掠过莫斯科上空，共计 10 架。

1955 年 8 月 21 日，苏联在图西诺机场又举行一年一度的航空表演。苏联邀请了各国大使和武官参观，查尔斯·泰勒上校也应邀参加。

其实，苏联克格勃已经猜到他的间谍身份，就想利用他，让他报告假消息。

一场盛大壮观的航空表演开始了！各种先进的战斗机、攻击机、侦察机一批批擦着头顶呼啸而过。

一小时后，震撼的时刻到来了！第一批 3 架 M-4 新型喷气式战略轰炸机出现在天空。

M-4 新型战略轰炸机尽管在血统和基因上属于美国 B-29 轰炸机的表弟，但已经大大进化了。苏联将 M-4 战略轰炸机昵称为"重锤"。美军方报告名称为"第 37 型"，北约代号："野牛"。

"重锤"战略轰炸机乘员 8 名，长度 47.2 米，翼展 50.5 米，高度 14.1 米，最大起飞质量 181.5 吨，动力为 4 台涡轮发动机。"重锤"最高时速 947 千米，最大航程 8 100 千米，最高飞行上限 11 千米。

"重锤"战略轰炸机可运载多达 24 吨的核炸弹和高爆炸弹，其中 2 枚核弹，外挂 4 枚巡航导弹等。它的作战能力、作用和性能，与美国空军的 B-47 战略轰炸机相当。

苏联"重锤"战略轰炸机功能强大，可远程攻击

"重锤"战略轰炸机即将起飞

虽然"重锤"战略轰炸机不能直接轰炸美国，但可以巧妙设计、迂回攻击美国和北美。西欧更不在话下。据间谍报告：苏联空军第 1096 和第 1230 重型轰炸机团飞行"重锤"战略轰炸机。

当庞大的战略轰炸机群掠过头顶，发出的震撼声音还未消失，第二批"重锤"战略轰炸机又从远空发出沉重的轰鸣，呼啸而过，只留下隆隆的回音。

一批接一批的"重锤"战略轰炸机呼啸飞来，又呼啸着飞远……最后一批 18 架"重锤"战略轰炸机飞掠头顶，气势磅礴，蔚为壮观。

"天哪，我看见了最壮观的飞行表演。"

各国外交官们有的惊讶，有的鼓掌。一面是啧啧的赞叹声，一面是似乎没完没了轰鸣的机群。美国空军武官查尔斯·泰勒看得脊梁骨发凉：天哪！这到底是怎么回事？

当天晚上，一份紧急密电放在华盛顿白宫艾森豪威尔总统的办公桌上：苏联新式战略轰炸机要比美国空军的同类飞机多 4 倍。

"重锤"战略轰炸机成为苏联的撒手锏，赫鲁晓夫极力显示战略轰炸机的威力，宣称："炸弹会攻击任何东西，不会选择性攻击。"

当有人劝赫鲁晓夫不要以此惹怒美国，应该用正义战胜美国时，赫鲁晓夫弹指一笑："脑袋都掉了，还谈什么正义！"

 ## 1.2 全球侦察

当时，美国空军刚刚推出了 B-52 同温层堡垒喷气式战略轰炸机。另一种新型的 B-47 同温层喷气式轰炸机仍存在各种技术问题，限制了许多功能。美国空军比喻道：咱们的战略轰炸机"还像个跌跌撞撞的小孩，在学走路"。

美国战略专家分析后认为，苏联"重锤"战略轰炸机已经大规模生产和部署，数量远远超过了美国。

中央情报局也呈现幻觉：到1960年，苏联新型战略轰炸机可能会达到800架，将直接威胁美国的安全。

美国政客们向美国国会报告：苏联空军远程攻击的实力远远超越美国，并提出了"战略轰炸机差距"的警告。

面对"战略轰炸机差距"，华盛顿焦急万分，而莫斯科却暗自高兴：老美这个倒霉蛋又上当了！

原来，"重锤"轰炸机航空表演是赫鲁晓夫精心导演的一场骗局，代号"万花筒"行动。一切极其简单：参加航空表演的实际上就那18架"重锤"战略轰炸机，这是苏联远程轰炸机的全部家当，只是分批飞而已。

"如果你与狼群一起生活，你得要像它们般行动。"

⚐ "重锤"战略轰炸机装载核弹，进行战略威慑

⚐ U-2 战略侦察机

"无论你们接受与否，历史与我们同在。我们将会埋葬你们！"

这是苏联领导人赫鲁晓夫的经典语录。他一贯虚张声势，欺骗和讹诈美国，以便取得与艾森豪威尔平等对话的砝码。

这次航空表演，让美国深深地陷入惊恐和不安之中。

美国力求侦察"轰炸机差距"和"铁幕"后面的真实秘密，拿出了自己的绝招——U-2战略侦察机。

U-2战略侦察机，昵称"龙夫人"，是一种高空战略侦察机，由美国洛克希德公司的臭鼬工厂研制。U-2全身漆黑，来无影去无声，航程大约5 600千米。它的飞行高度达2.7万米，超过当时一般战斗机的飞行高度，甚至超过一般地空导弹的射程。

当时，U-2被认为是难以被击落的，号称"高空优势"。

1955年，美国中央情报局的U-2开始服役。它可以像幽灵一般深入苏联内部，全面细致侦察各个军事基地。

苏联人知道U-2飞机来了，却看得见打不着，只能忍气吞声。

1956年6月14日，U-2飞机首次成功地飞越苏联领空，在苏联拜克努尔导弹基地发现了苏联的第一枚SS-6洲际弹道导弹。

U-2高质量的空中摄影，发现了苏联的秘密。在苏联首次发射洲际导弹前，美国准确地公开了它的尺寸和基本技术、功能和特性。

🔊 U-2战略侦察机飞得高，看得清

1956年7月4日，U-2飞过萨拉托夫附近的恩格斯空军基地，拍摄到38架"重锤"战略轰炸机。

U-2实际上已经拍摄了整个"重锤"机队，在其他空军基地没有一架"重锤"战略轰炸机。

经过一年多高空侦察，U-2战略侦察机最后毫无疑问地证明：美国与苏联并不存在"战略轰炸机差距"，真正存在"战略轰炸机差距"的恰恰是苏联！

美国如梦初醒。美国空军侦察局局长臭骂泰勒上校：你有眼无珠，连这点儿小计谋都识不破，当什么特工！

为了对付苏联威胁和实现全球战略，美国大大增加国防开支，开足马力制造战略轰炸机。不久，美国空军的B-52等战略轰炸机迅速达到了2 500架。

军事欺骗的方法，只能忽悠一时，不能长久。赫鲁晓夫弄巧成拙，到头来只能自食恶果。

科技是第一战斗力！在以后的几年时间里，U-2飞机飞遍苏联每一个角落，向美国情报机构提供了许多苏联军事基地的情报，其中包括极其重要的兵工厂、导弹试验场和核试验场等。美国列出苏联的可疑目标由3个增加到了20 000个。

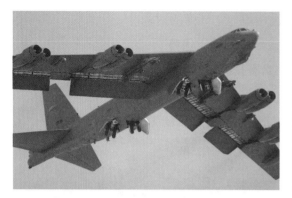

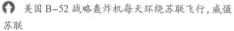
美国B-52战略轰炸机每天环绕苏联飞行,威慑苏联

B-52战略轰炸机轰炸

正当美国 U-2 战略侦察机大展宏图的时候,灾难来临了。1960 年 5 月 1日,U-2 飞机在执行对苏联的侦察任务时,被严阵以待的苏联防空军"萨姆-2"导弹击落。

此后,U-2 飞机又被苏联、中国、古巴多次击落。美国的高空优势的神话破灭了。

为了结束屡屡被欺骗的痛苦,揭开铁幕后面的秘密,争夺地球领导权和太空领导权,美苏开始了旷日持久的太空竞赛。这是冷战时期美苏争夺太空领导权的一场经济、科技、军事和综合实力的竞赛。太空,成为争霸表演的舞台。

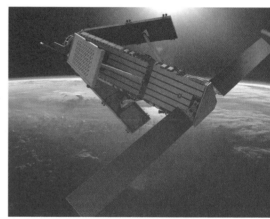

太空竞赛:比科技、比实力、比太空优势

太空竞赛:比强大、比计谋、比魄力和魅力

军事卫星

军事卫星是专门进行太空作战、太空侦察、太空威慑等军事行动的卫星。

军事卫星是一个国家国富民强、科技先进、国防强大、军事威猛的象征。

根据用途，军事卫星主要分为战略卫星和战术卫星。战略卫星是进行长期战略侦察、战略作战、战略威慑的卫星。战术卫星是直接进行太空作战的卫星。

根据功能，军事卫星主要分为军事作战卫星、军事服务卫星和军事科研卫星。

现在，战略武器包括军事卫星、核武器、洲际导弹、战略轰炸机和战略核潜艇等。

		照相侦察卫星
		电子侦察卫星
		海洋侦察卫星
	军事作战卫星	太空侦察卫星
		导弹预警卫星
		反导卫星
军事卫星	军事服务卫星	军事通信卫星
		军事导航卫星
		军事气象卫星
		雷达校准卫星
	军事科研卫星	太空作战卫星
		反卫星卫星
		电磁作战卫星
		军事科技卫星

各类军事卫星，如同太空飞侠，是最高科技的体现。这些"全能战士"在太空作战，威慑全球。

1.3 图像情报

1959 年，正当美国从"战略轰炸机差距"的恐惧中解脱出来，舒了一口气时，想不到又传来一个坏消息。

不久，苏联又在莫斯科大阅兵，各军种兵种方阵、各种坦克、战车、火箭、近程导弹、中程导弹、洲际导弹浩浩荡荡开过红场。最后过来的是一长串重型汽车装载的几十枚洲际导弹，声势赫赫，场面冷酷震撼。

艾森豪威尔总统接到密报：苏联的弹道导弹种类和数量十分庞大。

🔊 苏联大阅兵中，巡航导弹方队过来了

1961 年，美国只有不到 100 枚洲际导弹，而苏联号称已经拥有 400 多枚洲际导弹。当时美国战略专家预测：到 1963 年，苏联的洲际导弹将会高达 1 500 枚，而美国只有 130 枚。

艾森豪威尔发怒了："为什么苏联拥有那么多洲际导弹？他们是怎么造出来的？为什么我们造不出？"

美国中央情报局局长杜勒斯说："据可靠情报，赫鲁晓夫曾公开说他们造导弹如同做香肠。他们集中国家的力量，全力制造导弹。"

美国总统艾森豪威尔无可奈何地摇摇头：这是"洲际导弹差距"！

"洲际导弹差距"如芒在背，又一次刺痛了美国。

艾森豪威尔好像整天坐在火山口上，悲伤痛苦得惶惶不可终日。

其实，这又是苏联的一次军事欺骗。大阅兵的洲际导弹大部分是假的，只有外壳，没有内脏。为了看上去更逼真，工程师们给导弹里面塞上一些废钢材，增加重量。当导弹车轰隆隆驶过红场，没有一个人怀疑这是假的。

美国很冤枉，但"现实"很无情，只能等待出现奇迹。果然，奇迹出现了！

当年，美国中央情报局专门为 U–2 高空侦察机设立了美国国家图像解译中心。每当 U–2 拍摄了苏联、东欧和中国的间谍照片，都要送到美国国家图像解译中心分析判读。

⬆ 洲际导弹昂首挺胸、威震八方　　　　⬆ 洲际导弹方队震撼开来

美国国家图像解译中心曾精准分析了苏联的战略轰炸机数量，戳穿了所谓"战略轰炸机差距"的骗局，劳苦功高。当美国发射"发现者"号照相侦察卫星时，美国国家图像解译中心准备分析卫星拍摄的照片。

这可是个技术活儿！谁最合适呢？当然是亚瑟·伦德尔。

早在 1953 年的一天，美国中央情报局官员奥托·格斯少将就来到美国海军侦察技术中心。

格斯少将自我介绍："伦德尔先生，我是中央情报局的……"

"哦，我跟你们没关系。"

"伦德尔先生，我知道你是一位图像分析专家。你应该发挥更大的作用。"

伦德尔："我的事，不用你们管！"

"伦德尔先生，你知道卫星吗？你知道侦察卫星吗？你知道太空侦察吗？"

"那跟我有什么关系，我不想知道。我干好海军侦察就行了。"

"当一门科学与另一门科学交叉，才会诞生新的科学，才会突飞猛进……

中央情报局图像解译中心主任——伦德尔

伦德尔出生在芝加哥，1939年毕业于芝加哥大学地质学专业，1942年获得硕士学位。他是一位地质学家，又是一个摄影师，后来还成为分析图像细节和区分建筑、自然特征的专家。

二战期间，伦德尔在美国海军服役，担任航空摄影师。他研究和发展了这项新技能，创立了图像分析学、图像判读学，提供精确的图像情报。

二战结束后，伦德尔担任美国海军侦察技术中心主任，写了《漫谈玻璃眼里的玛塔·哈里》一书，描述了图像情报在冷战中的作用。

"玻璃眼"的意思是照相机镜头。玛塔·哈里是世界闻名的女间谍，后来也成为最成功间谍的代名词。

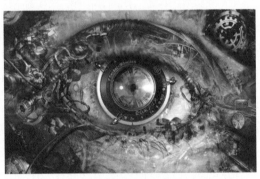

高科技的眼睛——图像情报

玻璃眼！玛塔·哈里！太空侦察！图像分析！图像情报！"

"哇呜，我好像有些明白了！"

格斯少将开门见山道："伦德尔先生，我有个好建议。你想飞得高一点儿吗？"

伦德尔气急败坏地喊道："你们这些家伙！如果你们想把我空投到苏联或其他什么地方，没门儿！我是一位科学家。"

奥托·格斯解释道："伦德尔先生，你别生气！我们不想把你空降到苏联，我们想让你在卫星上拍摄照片！"

"那更不行！卫星飞得更高。"

"伦德尔先生，如果你答应，你将看到整个地球，你将创立一门太空侦察学，名炳千秋。"

"真的？"伦德尔动心了，从此开始担任中央情报局图像解译中心主任。

最终，他将中央情报局图像解译中心升格为美国国家图像判读中心，创建了世界一流的图像情报中心。

1.4 太空侦察

太空侦察开始了！

美国第一代照相侦察卫星——"发现者"号发射升空。这是一种能在太空拍摄照片，进行太空侦察的卫星。"发现者"号上面安装了照相机和全景摄像机等侦察仪器。摄像机镜头孔径5厘米，焦距61厘米，地面分辨率为12.9米。

"发现者"号飞上太空，环绕地球南北极飞行，特别在苏联上空飞行时间长一点儿。它是一颗返回式卫星，当完成侦察任务后再返回地球回收。

"发现者"号升空后，登高望远，彻底改变了美国的悲观情绪，甚至改变了历史进程。

1959年1月21日，在范登堡空军基地，美国"发现者-0"号照相侦察卫星搭乘"雷神"火箭升空，但星箭俱毁。

不久，"发现者-1"号发射成功，并返回地球。返回舱溅落后沉到了海底。

"发现者-2"号由于计时错误，返回舱落点出现极大偏差，至今没有发现其下落。

苏美冷战与卫星紧密相连。当年，美军回收卫星返回舱时，苏联海军潜艇早已等候在那里。美军搜救部队常常在苏联海军潜艇监视下回收返回舱，双方经常剑拔弩张，随时要进入战争状态。

1960年8月，美国空军发射"发现者-13"号。第二天，海军搜救船赶

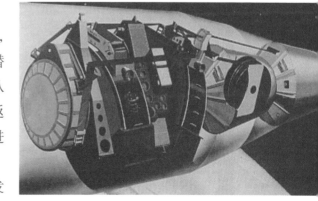

🔴 美国"发现者"号卫星照相机和胶卷

艾森豪威尔总统（左三）观看"发现者-13"号
卫星返回舱

到的时候，回收舱正在海里沉沉浮浮。

谢天谢地！美国海军搜救部队第一次从海里打捞上返回舱。

1960年8月18日，"发现者-14"号升空。它是一颗真正的照相侦察卫星，上面安装了照相机和胶卷。

"发现者-14"号飞行了27小时，72万千米。照相机按程序工作，飞越苏联领空时，咔嚓、咔嚓……拍摄了整个苏联。第一张照片就是距离美国阿拉斯加640千米、苏联北疆的一座空军基地。

这次，"发现者-14"号拍摄了1 081米胶片，共计1 432张照片，分辨率为6~9米。每张照片平均能侦察16~190平方千米的范围。"发现者-14"号侦察了卡普斯金亚尔导弹基地、"萨姆-2"导弹试验场、核武器研发中心，以及几个新发现的军事基地。

8月19日，在夏威夷西北，"发现者-14"号的返回舱带着9千克的照相胶片从天而下。一顶降落伞飘飘忽忽地缓缓下降。美国空军一架C-119飞机盘旋等待，第一次成功在空中回收了返回舱。

美国空军发射了14颗"发现者"号卫星才掌握了回收技术。"发现者-14"号是第一颗真正成功回收的卫星，开创了卫星侦察时代。

救援飞机回收卫星返回舱

第一批卫星照片送到中情局图像解译中心。在展示卫星侦察照片之前，伦德尔主任得意地宣布："将军们、先生们，请大家睁大眼睛！这是我们得到的最新颖、最震撼、最了不起的东西。请看！"

伦德尔缓缓拉开了大幕布。天哪！眼前是一幅苏联和东欧地图。

以前，U-2高空侦察机的飞行侦

察只有一条很窄的航线。这张卫星地图却伸出 8 条宽阔的条纹。这些条纹表示卫星 8 次飞掠地球的路径。它跨越苏联和东欧，面积达 566 万平方千米，覆盖苏联和东欧总面积的五分之一。

"发现者–14"号照相侦察卫星返回舱

观者欢呼雀跃、互相拥抱。将军们不由惊呼："嗯哼，这是卫星拍摄的吗？这玩意儿真厉害！不可想象！"

美国空军副部长、美国国家侦察局局长约瑟夫·查里克非常惊讶地说："天哪！卫星简直变成上帝了！侦察还可以用这种方法！"

当看到这些照片后，艾森豪威尔总统说："惊人，太惊人了！必须尽一切努力保护我们的秘密，而不是惹恼苏联人。"

"发现者"号卫星在太空飞行，穿越"铁幕"的封锁，获得大量苏联情报，比 U–2 侦察机强太多了。"发现者"号侦察卫星飞得高，飞得快，看得广，不可能被发现，发现了也打不下来，十分安全，因此毫无风险。"发现者"号专门侦察了苏联的洲际导弹基地。它一次飞行就将苏联宣称的 400 枚洲际导弹，减少到 120 枚。

1961 年 6 月，"发现者"号卫星把苏联 120 枚洲际导弹的数量，又减少到 60 枚。9 月份，"发现者"号侦察卫星确定：苏联的洲际导弹绝对不会超过 25 枚。

"发现者"号四次飞行就打破了苏联不可一世的神话。它能找到苏联导弹在哪儿，多少枚。卫星照片清楚地显示出每座苏联空军基地、导弹基地、战舰和潜艇的影像、位置和数量，并确定了苏联的其他核秘密等。

在 1959 年 1 月的苏共二十一大上，赫鲁晓夫就昭告天下："苏联能把火箭发射到几十万千米的宇宙空间，也能把强大的火

洲际导弹基地它建在哪儿？怎样发射洲际导弹呢？

洲际导弹基地可以建在地上、地下、潜艇和车辆上，这些地方各有优缺点。洲际导弹主要有四种发射方式：地下井发射、核潜艇发射、重型卡车移动发射、列车移动发射。

地下井导弹基地比较安全，深藏地下，可免受核打击，但不能跑。洲际导弹卡车可以到处跑，但容易暴露。洲际导弹列车运行在铁路上，日行千里，行踪不定，移动发射，安全性更高。核潜艇深藏于海洋，很难发现，如果被发现就可能葬身深渊。

美国"和平卫士"洲
际导弹地下井发射

苏联的"手术刀"洲际导弹列车

箭百发百中地发射到地球上任何一个地方。"他同时警告美国：苏联已拥有能给地球上任何侵略者以毁灭性打击的手段。

1961年9月，根据"发现者"卫星侦察结果，以及苏联军事情报总局叛变的军官奥列格·潘科夫斯基上校提供的信息，美国终于可以确定：苏联只有14枚洲际导弹。

天哪！真正的"洲际导弹差距"在苏联一方。苏联是"核讹诈"！

美国总统肯尼迪宣布：美国U-2侦察机打破了苏联吹嘘的"战略轰炸机差距"；"发现者"号卫星戳穿了苏联炫耀的"洲际导弹差距"。美国国家图像解译中心主任亚瑟·伦德尔带领专家们破解了苏联的"战略轰炸机差距""洲际导弹差距"和古巴导弹危机等秘密。伦德尔被誉为"玻璃眼里的玛塔·哈里"。

"发现者-14"号卫星拍摄的苏联拜科努尔洲际导弹发射基地，右下的洲际导弹历历在目

"发现者"号卫星拍摄的苏联空军基地

这时，美国再也不怕苏联了。

当时，苏美正处于第三次"柏林危机"最危急的时刻。

1961年6月初，美国总统肯尼迪与苏共领导人赫鲁晓夫在维也纳举行会谈，会谈没有实质性进展，反而使事态升级——第三次"柏林危机"爆发。

之后，双方针锋相对。两个星期后，赫鲁晓夫单方面撕毁了《禁止核试验》协议，恢复核试验。美国不甘示弱，也恢复了核试验。

赫鲁晓夫根本看不起乳臭未干的年轻总统肯尼迪，仍理直气壮地想用"洲际导弹差距"威慑他。

1961 年 10 月 6 日，肯尼迪在白宫召见苏联外交部部长葛罗米柯。他态度强硬且带有讽刺意味地说："葛罗米柯先生，我们已经有确凿的证据证明，你们的洲际导弹只比个位数多一点点。"

葛罗米柯不以为然地说："怎么可能！你有三只眼？"

"对！不信，我给你看样东西。"肯尼迪把几张苏联洲际导弹基地的卫星照片丢给葛罗米柯。

葛罗米柯从未见过卫星照片，但是他傻眼了：凡是部署洲际导弹的地方都被画上红圈，一共 14 个。他明白：每个红圈那里确实都有一枚昂首向上的洲际导弹。葛罗米柯的心一下凉透了。

1961 年 10 月 17 日，苏共第二十二次代表大会召开。赫鲁晓夫在大会上宣布了一个令与会代表和全世界都吃惊的决定：取消英美法撤出西柏林和对东德和约签字日期的最后通牒。

第三次"柏林危机"烟消云散。

这是军事卫星第一次发挥决定性的作用——太空优势。

图像情报，改变了历史发展进程，世界因此而改变。

卫星照片：苏联一座洲际导弹基地。每一个白色箭头下面都有几座地下发射井

 1.5 卫星侦察术

图像情报，又称为照相情报。图像情报分为：人工情报、地面情报、天空情报和太空情报等，并形成神秘的图像情报学。太空情报学是一种通过航天器进行太空摄影，收集信息和情报的学科。

图像情报是情报收集系统的一个重要组成部分，可以利用光学、雷达、红外和多光谱等技术，获得光电图像情报、红外图像情报、雷达图像情报和多光谱图像情报等照相和成像情报，并三维成像。

照相侦察卫星，是一种专门拍摄地球、地面，侦察和获取军事情报信息的军事卫星。根据不同侦察用途和卫星类型，照相侦察卫星可以装载可见光相机、红外相机、电视摄像机、雷达、扫描仪、地形照相机、全景相机、多光谱以及超光谱相机等照相机、传感器和遥感器。

照相侦察卫星主要有两种拍摄方法：照相机、摄像机拍摄胶卷；传感器、遥感器扫描目标，记录到存储器中。照相机拍摄称为照相。摄像机拍摄称为摄像。传感器、遥感器等数字化拍摄称为成像，总称图像。

照相侦察卫星主要有两种传输照片的方法。以前，卫星完成任务后，返回地面或将胶卷空投地面。现在，卫星一般采用传感器、遥感器扫描图像的方法，随时把图像信息发送到地面。图像情报中心加工处理图像后，专业判图人员判读和识别目标的信息和特征，并确定侦察目标的信息和精确地理位置。

照相侦察卫星已经成为战略武器不可缺少的伙伴。卫星成像技术能产生详细的三维立体图像，并监测无形的信息；光学照相机能拍摄清晰的日间照片；合成孔径雷达能辨别真假目标、地下目标和多个目标；红外传感器能测量热度，发现导弹、飞机、舰艇放出的热量；多光谱传感器能将图像分层，

以前，靠判图人员分析卫星照片

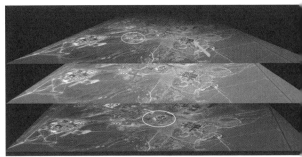

现在，计算机能急速检索、分辨图像和照片的变化，形成各种侦察图片

定量定性。其实，照相侦察卫星的本领还有很多。

1.5.1 伸缩的眼睛——万能摄像机

怎样获得高清晰度的图像情报，是太空侦察的一大难题。空间分辨率与卫星的光学系统、飞行高度有关。卫星有两种方法可获取高清晰度的图像情报:降低卫星飞行高度和提高卫星照相机的视力。

如果飞行轨道高度 590 千米，美国"锁眼-11"号卫星照片显示物体的分辨率不会小于 16 厘米。它有几项绝招：可进行轨道机动，变换轨道；对重要目标详察时可降低高度到 120 千米，最低可俯冲到 100 千米以下，获得最高 10 厘米分辨率。这意味着，它还不能清晰地读取报纸的头版头条。

在太空拍摄图像过程中，由于照相机与地面目标之间存在相对运动，导致图像产生像移，图像模糊不清。

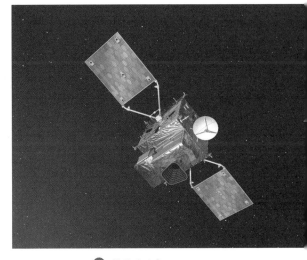

伸缩的眼睛

卫星专家通过建立像移的数学模型，对产生像移的各种因素进行定量分析，利用像移补偿技术提高成像质量和分辨率。

卫星越来越先进，能够执行大面积普察和小范围详察两项任务，但分辨率与覆盖率成了一对矛盾。

卫星很聪明，拥有一个会伸缩的瞳孔。摄像机在计算机控制下改变镜头焦距，自动调节镜面曲率，更佳地聚集光线，补偿因大气层变化造成的影响。在远地点执行普察任务时调大焦距，获得较宽的宽幅图像；在近地点执行详察任务时，缩小焦距获得高分辨率的图像。

1.5.2 放大的瞳孔——光学望远镜

空间分辨率与卫星的光学系统有关。

为了提高卫星的光学系统性能，法国"昴宿星"照相侦察卫星的成像仪采用碳–碳结构材料与微晶玻璃反射镜。因碳–碳结构材料对湿度变化不敏感，热膨胀系数极小，增强了稳定性。为优化飞行性能，该卫星成像仪使用了新型热调焦系统，省却了复杂的机械装置。

为了提高分辨率，卫星专家在卫星上装载微晶玻璃反射镜。这种高科技望远镜，最大直径可达 2.7 米（它由一个个几何状的特殊玻璃球组成，一般用于天文望远镜）。

当反射镜透明的表面还没有装上反射层时，我们可以看到内部的蜂窝状结构。为减轻质量，反射镜中间是空的。在保护罩和背景灯的照射下，它呈现出迷人的蓝色和黄色光芒。如果望远镜装在卫星上成为太空望远镜，可探索宇宙空间，包含星星的出生与死亡、太阳系的形成，以及其他星系的黑洞。

微晶玻璃反射镜能看见黑洞，还怕看不清地球吗？

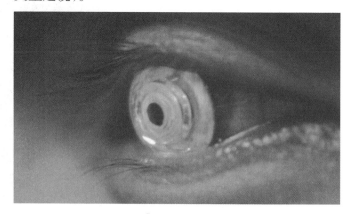

↑ 放大的瞳孔

1.5.3 斗鸡眼的凝视——焦平面阵列

蜻蜓、螳螂、蚱蜢、磷虾等节肢动物的眼睛很奇怪，是个球形的斗鸡眼，长着极多小眼睛，即单眼。这样的眼睛称为复眼。

单眼一般呈六角形，看不远，但组成复眼能看得广。复眼能够利用光线入射和光线折射，在眼睛的底部形成一个小图像，但一只复眼只能看到极小的一部分。如果有很多复眼就可以看到完整的图像。如果调整复眼，就能尽量大地看到各个方向和角度的图像，也可以凝视盯住一个物体。

科学家将生物的这种优良功能用于先进科学研究。这个学科称为仿生学。仿生学能创造世界上没有的、功能更强大的科学仪器或工具。

科学家利用复眼光线入射和折射的原理，仿真研制出焦平面阵列探测器。

这种探测器又称为凝视探测器。由很多小探测器组成一个平面阵列的探测器。它利用光线入射和折射的原理，不需移动扫描装置就能成像。小探测器数量越多，图像越逼真；时间越长，分辨率越高。如果应用红外功能，就是红外焦平面阵列，威力更大。

焦平面阵列探测器有四大特点：眼睛的数量极多，反应极快；能看见更广范围、更多图像；能紧紧凝视侦察目标；红外侦察能在夜晚发现人眼看不见的东西。

卫星凝视成像技术是一种具有高灵敏度和高分辨率的光学成像技术。

凝视探测器的凝视功能与合成孔径成像雷达的"聚光灯"功能具有异曲同工之妙。

这就是斗鸡眼的好处。

🔘 蚱蜢的复眼

1.5.4 超视距的斜视——侧视雷达

瞳孔，动物或人类眼睛内虹膜中心的小圆孔，光线进入眼睛的通道。

瞳孔括约肌收缩，瞳孔会缩小；瞳孔开大肌收缩，瞳孔会散大。瞳孔的开大与缩小控制进入瞳孔的光量。

为了生存，动物们进化出各种各样的眼睛和瞳孔。科学家研究了 200 多种陆地动物发现：动物拥有各种不同类型的瞳孔，如山羊和瞪羚的瞳孔是横条状，猫的瞳孔属于竖立缝隙型。

科学家认为：一种动物究竟是捕食者还是被捕食者，可能决定了瞳孔的形状。为了生存，各种动物分别进化出了适合它们生存的瞳孔形状。

人类的眼睛在脸的前方，瞳孔是圆形的，视野范围大约在 169~210°。山羊等食草类动物的眼睛在两侧，斜视范围达到 320~340°。它们的眼睛就像开启了全景摄像模式，周边的环境和动静一目了然，一有风吹草动就能快速发现，并逃之夭夭。

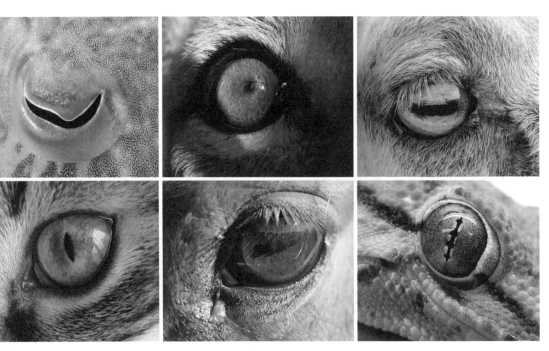

⬆ 不同动物瞳孔的形状

照相机里的光圈就像瞳孔一样，可以随光线的强弱而缩小或变大，但不能斜视。

为了获得更大面积的侦察图像，专家运用仿生学原理研制照相侦察卫星。早期的光学照相侦察卫星都在卫星上安装了多个照相机、摄像机，分别对准相应的区域。当卫星安装上万向云台，就能 240°~260° 转动。一台照相机、摄像机就可拍摄全方位图像，增强了灵活性和机动性。

怎么让卫星看得更广阔呢？专家给雷达侦察卫星装载了会斜视的侧视雷达。这种探测卫星两侧地带的雷达，具有覆盖面积大，提供信息快的特点。它能斜视地面任意一侧宽达 1 800 千米范围内的任何目标，分辨率小于 2 米，可灵活地执行广域普查侦察任务。

当卫星不能直接飞越侦察地区上空时，侧视雷达就斜视旁边地域的图像，并实时处理成像，向地面传送图像数据；也可以将图像数据信息传送到地面处理成像。侧视雷达的优点是能穿透云雾，拍摄遮挡下的目标。

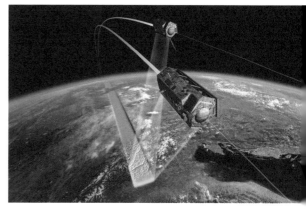

超视距的斜视

1.5.5 毛骨悚然的透视——合成孔径雷达

光学侦察卫星只能看见日光下的场景。红外侦察卫星能看见夜晚的真实景象。当云雾缭绕、雾霾沉沉时，谁来看透云雾下的秘密呢？

一种雷达侦察卫星诞生了！当侦察卫星装载雷达，利用电磁波穿透云层，反射回波，就可探测和侦察目标。雷达侦察卫星能以标准、宽扫、精扫等多种扫描方式全天候侦察。

一种合成孔径雷达横空出世！它是将一台较小尺寸的真实孔径天线，用数据化处理的方法，合成为一个虚拟的大型孔径天线雷达，所以称为合成孔径雷达。

合成孔径雷达发射电磁波对目标进行照射，并接收反射波。它就会获得卫星与目标的高速相对运动，目标的距离、距离变化率、方位、高度等数字成像信息，最后三维成像。

雷达侦察卫星的透视能力很强。它不但能穿透云雾，还能探测地下。即便将核弹藏于300~1 000米深的岩石地下，照样清晰可辨。

1.5.6 阴森恐怖的夜视——热成像仪

眼镜蛇阴险毒辣，让人不寒而栗。它的眼睛很大，但是个极度近视眼。幸好，它鼻子旁有两个颊窝，里面是红外线接收器，能感知外界和猎物的红外线。

科学家利用眼镜蛇的红外线颊窝原埋，仿生研制出红外照相机、热成像仪、夜视仪。它们能分辨百分之一度的温度变化，不差秋毫。红外成像仪等探测仪器可以穿过可见光不能穿透的物体，利用目标和背景辐射红外线的差异，经过滤波显影，发现和识别目标。

人眼、望远镜、雷达都看不见红外图像。如果给红外卫星的照相机装上复眼就更厉害了。它们能更灵敏地看见更多红外图像。

红外卫星具有穿透云层的透视功能和突破黑夜的夜视功能，清晰地侦测各种红外光谱，而且不受云雨、烟雾及障碍物的影响，白天或夜晚都能侦察。

即便目标被物体遮盖住，红外卫星照样能够看到遮盖物下面原本的模样，并可以得到真实图像。如果给雷达照片染色，马上就能显现目标的原形。飞机、导弹、战车、军舰、潜艇都会发射红外线，任何动过土的地方将留下清晰的痕迹，许多军事秘密将大白于天下。

由于物质都会产生红外线辐射，且强度不同，出现各种红外光谱。红外线的波长比可见光的波长要长一些。眼镜蛇利用红外线为猎物画像，分辨猎物的大小、形状和危险性，再决定是否攻击。

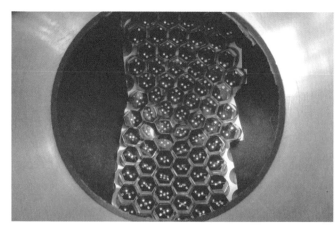

🎧 红外侦察卫星的红外复眼

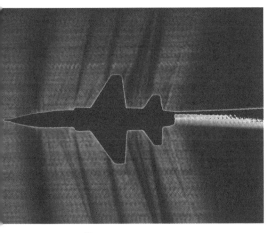

<table>
<tr><td>🔊 红外侦察让战机无处隐藏</td><td>🔊 红外侦察：地面的细节一览无余</td></tr>
</table>

红外卫星，具有识别目标、分辨真假、成像清晰、侦察精准等特点。那种深藏和深埋的战术方法，已经成为过去。

1.5.7 突破想象的超视——多光谱

光学、雷达、红外技术之后，更先进的侦察技术出现了——多光谱。

地球上任何物体都反射、辐射各种频段的光谱。多光谱成像技术能拍摄各种频段的光谱和光谱信号，获得不同光谱频段的图像。如果将红、绿、蓝等多频段图像进行校正、配准、融合、合成，就形成多光谱影像。

多光谱卫星能识别、分析、跟踪各种可疑目标，甚至可以将目标数字化，再将目标纵横切片，一层一层分析判断，定量定性。如果再经过染色，任何目标都会暴露无遗。

多光谱影像能识别隐形目标和真假目标，将许多军事秘密大白于天下。这

可见光　微光　紫外荧光　紫外光　红外假彩　CCD红外　红外光　X光

🔊 9个镜头的多光谱相机 　　　　　🔊 各种光谱下拍摄的多光谱照片

对那些把头藏入地下就以为没事的鸵鸟们，敲响了警钟。

科技，改变战略、战术和胜负，更改变战争和战争观。多光谱技术可应用于军事和民用各个领域，发展极快。

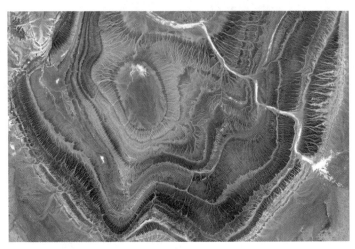

↑ 多光谱照片（俯视）：位于阿尔及利亚东南部的阿哈加尔高原

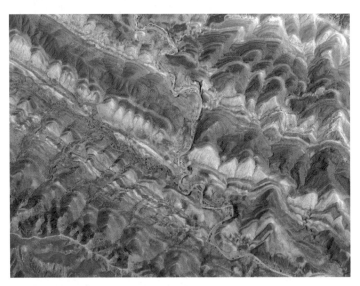

↑ 多光谱卫星照片（俯视）：中国的彩虹山

第2章
"寄生虫"行动
>>>

怎样变成神偷巧取月球探测器的绝密技术？怎样用眼神和唾沫撕碎最先进的航空母舰？怎样在太空抓住化学武器的尾巴，消灭冷酷残忍的恐怖分子？成功的秘诀是——科技、智慧和勇气！

2.1 只怕贼惦记

二战期间，美国战略情报局主要对轴心国进行间谍活动。1945年9月28日，美国战略情报局退出历史舞台，1947年9月18日，中央情报局成立了。

现在，美国最大的情报局是美国国家情报局。它向美国政府负责，是美国总统的首席情报顾问，统一管理各个情报局，监督和协调美国所有情报局的行动。

美国国家情报局下辖16个情报机构：美国政府下辖8个局；美国国防部下辖8个局。

美国政府下辖8个局：中央情报局、联邦调查局、国家安全局、国家安全情报局、情报研究局、情报与分析处、恐怖主义与金融情报办公室、情报与反间谍办公室。

美国国防部下辖8个局：国防情报局、国家侦察局、国家地理空间情报局、陆军情报与安全局、空军情报局、海军情报局、海军陆战队情报室、海岸警卫队情报处。

🎧 美国国家情报局和16个情报局的徽章

美国中央情报局徽章

在美国 16 个国家情报局中，美国中央情报局恶名远扬。它的口号是：一切皆有可能！美国中央情报局主要负责外国情报和军事行动，进行各种应急作战和秘密行动。他们是搞侦察、情报和颠覆的专家，也是偷鸡摸狗的行家里手。它在世界各个地方建立秘密据点，内部称为情报站。情报站在全球各个地方安插间谍和特工，平时潜伏在那儿不动，称为"睡莲"。如果苏醒了，进行间谍活动，就叫"野兔"。

一天，"野兔"们凑在一起，撒欢儿了……

1957 年 10 月 4 日，苏联发射了第一颗人造卫星——"卫星-1"号。第二年，苏联又发射了照相侦察卫星拍摄照片，开始了太空侦察。同时，苏联还连

"月神-1"号月球探测器

"月神-2"号月球探测器

续发射了"月神"号月球探测器，开始探测月球，并准备登陆月球。

"月神"号月球探测器的科学任务是环绕月球探测、降落到月球表面探测，空降月球车，采集月球土壤和岩石返回地球等。

1959 年 1 月 2 日，苏联成功发射了"月神-1"号探测器。1 月 3 日，在距地球 113 千米处的太空，"月神-1"号释放点燃 1 千克瓦斯，发出橘红色的光亮——这是人类第一次用科技文明照亮太空。苏联天文学家在印度洋的测量船上追踪瓦斯的亮光。

1 月 4 日，"月神-1"号探测器在月球表面 6 000 千米上空飞掠月球。它是

世界上第一颗飞掠月球的探测器，但没有完成月球撞击任务。这是人类首次探访月球，第一次亲近月球，拉开了月球探索的序幕。

1959年6月18日，苏联发射第一颗"月神–2"号失败。9月12日，苏联在拜科努尔航天中心成功发射第二颗"月神–2"号。

两天后，"月神–2"号飞抵月球，在月球表面的澄海硬着陆，成为到达月球的第一位使者。"月神–2"号首次实现了从地球到另一个星球，第一次拍摄了29张月球照片。它也是世界上第一颗撞击月球的探测器。

1959年10月4日，"月神–3"号月球探测器发射成功。它的科学任务是拍摄一张月球背面的照片。三天后，它按时环绕到月球背面，咔嚓、咔嚓、咔嚓……共拍摄了29张月球照片，覆盖月球背面70%的面积。当摄影完成之后，它在月球北极上空，传递并发回第一张月球背面的照片。

苏联月球探测成就巨大，非常鼓舞人心。

1966年1月31日，苏联"月神–9"号月球探测器飞向月球。2月3日，"月神–9"号拍摄了月球照片，传输到地球。

第一张月球背面的照片

月球登陆战开始了！那天，"月神–9"号释放出一个着陆器，慢慢朝月球降落。它在距离月球几米的高度，突然底部喷出一团火焰和气流，减慢了着陆速度。"咯噔"一下，着陆器在月球表面实现软着陆。它是世界上第一个软着陆月球的探测器。

1970年9月20日，苏联"月神–16"号降落在月球生育海东北地区。探测器上的钻孔机钻探了7分钟，深度达到35厘米，钻取土壤样品共101克。9月24日，"月神–16"号返回地球，空降在拜科努尔航天中心东南

⊕ "月神-9"号月球探测器

20世纪70年代，苏联曾发射了3辆"月行者"月球车，都登上月球。

近50年了，这3辆沉默的流浪者仍然在翘首等待。它在等什么呢？俄罗斯科学家哭了：它一定想回家！它在等我们去救它！

俄罗斯已经制定计划：在不久的将来，将这三个死心塌地想回家的小家伙接回来。

⊕ "月神-16"号月球探测器

80千米处。"月神-16"号是世界上第一颗自动采回月球土壤样本的探测器。

1970年11月10日，"月神-17"号月球探测器从拜科努尔航天中心发射升空。它要将苏联、也是世界上第一辆月球车——"月行者-1"号送上月球。11月17日，"月神-17"号的着陆器在月球上的雨海软着陆。着陆器慢慢伸出一个双坡道的轨道，"月行者-1"号月球车从双坡道的轨道上缓缓驶出，最终踏上月球表面。

"月行者-1"号月球车在322个地球日的行动中，旅行了10.54千米，在500个不同地点,拍摄并发回超过2万张照片和206张高分辨率全景照片。"月行者-1"号的X射线荧光光谱仪

⊕ "月行者-1"号月球车

提供了25份月球土壤分析报告。

苏联的太空探测天马行空，步伐太快了，把美国远远甩在后面。

1959—1976年间，苏联共发射了24颗"月神"探测器，绝大部分成功收

集了月球土壤样本，并返回地球。

许多西方媒体一开始就认为苏联的探月是假的。

美国总统肯尼迪指着美国中央情报局局长艾伦·杜勒斯的鼻子嚷道："美国十分难堪！既然我们上不去，就先偷看一下苏联的消息，验证一下苏联的真实情况。"

杜勒斯局长叹息："这玩意很高科技。我们是门外汉，不一定搞得定。"

肯尼迪白了一眼："……搞得定得搞，搞不定也要搞！你们干偷鸡摸狗，不是小菜一碟吗？"

1959 年 10 月，"月神-3"号给地球发来第一批月球背面图像。这是一个伟大的科学壮举。苏联月球探测器的科学成就，震撼了世界。

这到底是真的，还是假的呢？美国中央情报局将第一个目标对准苏联的"月神-3"号月球探测器。怎样侦测"月神"月球探测器呢？他们想到了伯纳德·洛弗尔爵士——世界著名的天文学家、物理学家，号称"射电天文学之父"，英国曼彻斯特大学的乔德雷尔·班克天文台台长。当时，那里有一座世界最大的射电望远镜。

一天，中情局特工官员来到乔德雷尔·班克天文台，找到洛弗尔教授，希望他能帮忙探测苏联的"月神"号探测器。

经过一番交涉，教授答应了："哦，这可是个新鲜事。具有相当的挑战性，能写很多论文。我干。"

洛弗尔利用无线电监测站，真的捕捉到了"月神-3"号发送到苏联的微弱信号。

乔德雷尔·班克天文台台长伯纳德·洛弗尔

滴滴滴，嗒嗒嗒，无线电侦测仪器捕捉和拦截到了信号，非常成功。

曼彻斯特大学的研究生试图清除信号中的噪音的时候，不小心抹掉了许多信号数据。

尽管中情局得到的是一份效果很差的拦截数据，但仍然能证明苏联"月神-3"号和月球背面照片是真实的。

中情局惊叫道：糟糕！是真的！这是最惊人的科学成就。

洛弗尔是个传奇人物。第二次世界大战时专门研究宇宙射线，战后管理着英国曼彻斯特大学位于德雷尔河岸的无线电监测站和射电望远镜。在太空时代开始时，他大量参与了探测、跟踪各种卫星和太空探测器的秘密行动。

当年，英国为预防苏联发动核武器攻击，就让洛弗尔为英国设计一套苏联核攻击预警系统——"警告"，就是利用天文台的无线电望远镜侦测苏联的核导弹。"警告"是一个公共警报系统，能提供 4 分钟的预警时间。它一旦发现苏联的洲际导弹发射升空，英国就会拉响防空警报，老百姓只用 3 分钟或更少时间，钻入防空洞。

后来，苏联克格勃得到情报："警告"无线电望远镜位于乔德雷尔·班克天文台，设计者和操作者是伯纳德·洛弗尔。克格勃气恼了，一定要除掉他。

英国乔德雷尔·班克天文台的洛弗尔射电望远镜，直径 76 米

1960 年，苏联建造了一座深空通信中心，对外称为"深岩"，内部叫作"第 85 太空探测与通信中心"。这是当时世界上最大的深空通信系统，创造了几个世界第一：1961 年，它第一个探测了金星；1962 年 6 月，它第一个探测了水星；1963 年 2 月，它第一个探测了火星；1963 年 10 月，它第一个探测了遥远的木星，等等。1962 年 11 月 24 日，"深岩"用莫尔斯电码向天秤座发射了"和平""列宁"和"苏联"的单词。这是人类第一次利用无线电向外星文明广播，传达人类的问候。

1963 年，为了显示"深岩"了不起，苏联科学家邀请洛弗尔教授到"深岩"深空通信中心参观访问。他也成为第一个访问"深岩"的西方人。

"深岩"深空通信天线

那天，洛弗尔教授饶有兴致地参观"深岩"深空通信中心时，克格勃的特工们化妆成宾馆里的工作人员进入宾馆。一名女特工秘密地在洛弗尔房间的床头上安放了一块放射性金属。

女特工放好后，特工们迅速逃之夭夭。这些举动引起英国特工的警惕，他立刻报告，随后在洛弗尔教授的房间检测到了放射性辐射。于是，协助洛弗尔教授很快逃跑了。

射电望远镜

宇宙中的天体会辐射各种波长的电磁波,如伽马射线、X射线、紫外线、可见光、红外线、微波和无线电波等。先进的射电望远镜可"听"可"看",甚至可"说"。射电望远镜能够接收、观测和研究遥远天体发射的各种电磁波等,还拥有许多重大发现:脉冲星、

位于美国新墨西哥州的超大阵列射电望远镜,有28架射电望远镜,是世界最精确的望远镜

类星体、微类星体、宇宙微波背景辐射、星际有机分子、水星冰、爱因斯坦环、引力透镜、黑洞、宇宙空洞、行星形成等。

2.2 神不知,鬼不觉

为了炫耀经济发展和科技成就,庆祝太空科学的伟大成就,苏联四处举办了一系列展览。

正在美国伤心哀叹的时候,中情局情报有处长获得一份情报:1960年11月7日,是苏联十月革命43周年纪念日。据可靠消息,"卫星–1"号人造卫星、"月神–3"号月球探测器计划,代号也将展出。

展览、"卫星–1"号和"月神–3"号、秘密潜入、悄悄偷来……。中情局迅速制定了偷窃"月神"探测器的计划,代号 "寄生虫"行动。

"寄生虫"行动的任务是：在苏联重重守卫的眼皮子底下，神不知鬼不觉地偷走"月神–3"号月球探测器。

中情局的潜伏间谍——"睡莲"们苏醒了，变成"野兔"，开始这次"寄生虫"行动。

"野兔"们伪装成苏联或东欧国家的商人、旅游者、科学家，悄悄进入苏联。当展览从一个城市巡回到另一个城市时，他们三三两两混迹在展馆周围，伺机进入展馆。

特工们斗智斗勇：穿紫色背心的美国女特工装作行人，戴帽子的苏联特工化装成画家

美国中情局局长还担心用于展览的是模型。特工们一看就暗暗叫道：天哪！都是真品！"我们也许不可能偷出'月神'号，但可以拍照，偷来'月神'号的核心技术和秘密。"

他们装作好奇地参观"月神–3"号月球探测器，并不时发出啧啧的赞叹声：人类真了不起！科学真伟大！这真是科技的结晶，智慧的珍品！

"月神–3"号月球探测器的星体顶部呈半球形，顶部下面有一个宽沿圆筒形凸环。"月神–3"号质量278.5千克，长130厘米，圆筒形凸环最大直径120厘米，其他部分直径大约95厘米。

"月神–3"号全密封，并加压至0.22个大气压。太阳能电池板安装在外部，为月球探测器存储电力和提供电力。

"月神–3"号在圆筒星体的周围分布着几个百叶窗，负责冷热温度控制。当内部温度超过25℃时就打开，当太阳高温辐射表面时就关闭。

"月神–3"号的上半球为摄像机，顶部伸出4根天线，从底部伸出2根天线。其他科研设备被安装在外面，包括微流星体、宇宙射线探测器和成像系统。

"月神–3"号下端安装了姿态控制系统，喷射气体射流。几个光电电池保持对准太阳和月球的方向。

特工们凑在一起发愁：东西真不错！可是，展馆里到处都是游客，四周还有警察，而且东西这么重，很难偷到手。

⬆ 展馆里的"月神-3"号（前）和"月神-1"号（左）月球探测器

⬆ 展馆里展出了很多航天器

天无绝人之路。这时，有个特工搞到了一份货运单。货单上显示有一个"天文仪器模型"。

"天文仪器，是不是'月神-3'号？"

"嗯，看这个尺寸与'月神-3'号极为接近，可能就是它！"特工们立刻开始行动，从各种蛛丝马迹中搜集关于"月神-3"号的情报。

 # 2.3 大变乾坤

由于苏联警察在展览会上严密守卫，24小时一级警备，只能看，不能动手，唯一的机会就是在运输过程中。

特工们发现："月神"等展品都是通过卡车运到火车站，随后由火车运输到下一个城市。特工们试图通过贿赂潜入火车上动手，很遗憾没能成功。

在行动的前一天，特工们得知展览结束后，苏联人会把"月神"探测器放进一个巨大的木板箱中，装在一辆"嘎斯"牌货车上，从展览馆广场运往火车站。

特工们眼前一亮：好！就从这儿下手！越快越好！

第二天傍晚，一名精通心理学的特工，装作一名热爱科学的艺术家，走近运输"月神-3"号的苏联卡车司机。

他几句寒暄套近乎，很快赢得了卡车司机的信任，迅速建立了友谊。特工谎称住在前往火车站的半道上，请哥们儿捎一程。等一会儿到前面的"向日葵"酒吧，和好兄弟一起畅饮伏特加。

"伏特加，那是我的最爱！哈拉少，上车吧！"特工略施小计，就

⬆ 苏联人在装载展品：苏联第一颗原子弹——"斯大林-1"号

坐上装有"月神-3"号的卡车。他故意将几个硬币滚到地上，到处捡拾，一会儿帽子又掉到车下，设计拖延时间，让这个苏联司机走在运输车队的最后。

卡车离开广场后，特工们都心照不宣紧盯着最后一辆卡车。他们发现押运车队的苏联警卫走在最前面，毫无戒备之心。

当这辆装载"月神-3"号的卡车开到一个十字路口，突然转弯，停在"向日葵"酒吧门前。这名特工大方地说："兄弟，到了！下来吧！咱们好好畅饮伏特加，一醉方休。"

"不！我要开车送东西。"

"大家都下班了，明天再送不迟！兄弟，来吧！这个！"特工做了个干杯的动作。

"不、不、不……那我……就恭敬不如从命了。"

当这个特工和卡车司机一进入酒吧，另一名特工"嗖"的一下钻进了卡车。在外面等候的特工们也一拥而上，瞬间在卡车的大木箱上盖了一块巨大的帆布，并迅速跳上车。卡车马上启动，快速开到了早先租下的一个汽车修理厂。

这天晚上，一名美女特工潜伏在火车站望风。如果警卫人员警惕性高，发现少了一辆车，她就装作不认路，纠缠一阵子，并通知特工们。她发现只有一名警卫人员，而且没有携带任何通信设备。

在夜色的掩盖下，这辆开进了修理厂的巨大卡车终于熄火。

特工们急忙跳进卡车的后面，小心翼翼地撬开了箱盖，确保没有留下任何撬压的痕迹。

快！快！快！特工们向箱子里放了个梯子，慢慢顺着梯子爬下去。

"天哪，这个怪物就是咱们朝思暮想玩命要偷的'月神–3'号啊！多奇怪的模样。"他们从各种角度给月球探测器拍照，甚至卸掉舷窗，爬了进去。

当爬进去后，一名照相的特工小声说："不妙！如果想拍摄内部，必须揭开封条，搞不好就破坏掉一个印章和一条电线。那就麻烦了！"

一名干过刑侦的特工担保："我来拆，可以还原，纹丝不变。"他就像是拆圣诞礼物一样，小心地拆掉了印章和封条。

"咔嚓、咔嚓、咔嚓——"照相的特工拼命拍照，给那些标签、数据和细节都来个特写。刑侦专业的特工又将封条按原样封回去。真的丝毫未变！

凌晨 4 时，一切都搞定了。

这时，一辆小车开进修理厂。特工们迅速跳上车，一溜烟走了。负责开车的那名特工将卡车开到原来的地点，扔下车也走了。

十多分钟后，冒充酒店老板的特工将苏联卡车司机送上卡车。醉醺醺的司机径直把卡车开到了火车站，停在车队里。

第二天一大早，苏联警卫们上班了，瞄了一眼卡车上装载月球探测器的大木箱：嗯，原封不动，没问题！警卫就在货单上盖了个戳放行了。大木箱被运上火车，向下一个展览地驶去。

美国中情局的"寄生虫"行动非常完美。

最近，美国解密了一批冷战时期的文件，美国《新闻周刊》将那次"寄生虫"行动整个过程大白于天下。苏/俄人看了倒吸了一口凉气：天啊！还有这种事情？

在冷战时期，这样的"寄生虫"行动比比皆是。每当美国在太空竞赛和太空探测中取得重大成就，特工们都窃笑：这也有我们的功劳。

"愚者暗于成事，智者见于未萌。"有时，智慧比科技更重要！

2.4 小毛贼的秘密

20 世纪 80 年代，苏联海军宣布开始建造核动力航空母舰，全球航行。

核动力航空母舰，简称核航母。它是一种安装了核反应堆，以核动力推进的航空母舰。

核航母一般和几十艘舰艇、潜艇、战机一起，组成一个航母战斗群，兵种齐全，可在空中、海面、海下、陆地和太空联合作战，夺取制空权和制海权，掌控战斗的主动权。

核航母主要武器装备有：战斗机、轰炸机、攻击机、侦察机、预警机、反潜机、电子战机等舰载机。

核航母的特点是：动力强大、灵活机动，可长期航行，可远程作战、独立作战、联合作战，战斗力强大、极具威慑力。它能进行全天候、远距离、大范围、高强度的连续作战。

当时，世界上只有美国和法国拥有核航母。苏联海军感觉自己很落后，决意建造核动力航空母舰，对抗欧美。

黑海造船厂是当时全球最大的造船厂，又称为尼古拉耶夫造船厂，代号第 444 号造船厂。它专门建造航空母舰、巡洋舰、护卫舰、核潜艇等海军大型舰艇。曾建造过"基辅"号、"明斯克"号、"诺沃罗西斯克"号、"戈尔什科夫海军上将"号、"库兹涅佐夫海军上将"号、"瓦良格"号航空母舰，对苏联海军贡献巨大。

岂不知，在苏联建造航母时，太空里早有几双"贼眼"——"锁眼-11"号等几颗侦察卫星，一直在盯着黑海造船厂。看准，再看准！

美国照相侦察卫星"锁眼-11"号已经侦察黑海造船厂 20 多年了，了解

"库兹涅佐夫海军上将"号航空母舰

"戈尔什科夫海军上将"号航空母舰

每一艘舰艇的建造过程，获得了极多的情报。

谁也想不到，"锁眼-11"号的秘密被美国海军的一个小毛贼塞缪尔·洛林·莫里森抖搂了出来。

塞缪尔·洛林·莫里森，1944 年 10 月 30 日出生于一个海军世家，父亲是美国海军军官，爷爷是一位杰出的美国海军历史学家、海军少将和哈佛大学教授。1967 年，莫里森从路易斯维尔大学毕业。1974—1984 年，莫里森在海军情报中心担任情报分析员，专门研究苏联两栖登陆舰和埋设水雷的舰艇。

在这些年中，莫里森为伦敦《简氏防务周刊》及《简氏军舰》编辑美国军舰的内容。

1984 年，莫里森因故与上司发生冲突，就想利用手里拥有的最高机密，刁难上司。

《简氏防务周刊》是一本全球性的国防军事周刊，各国军事专家都将此刊作为了解对手的第一参考资。

《简氏军舰》介绍世界各国的军舰，包括名称、尺寸、武器、装备、功能、技术和照片等信息。

《简氏防务周刊》

7 月，莫里森从同事办公桌里偷了三张关于黑海造船厂和"库兹涅佐夫海军上将"号航空母舰的秘密卫星照片，然后邮寄到《简氏防务周刊》。杂志编辑收到后，大吃一惊：天哪！这是个大秘密，马上公布！

此前早些时候，美国国家侦察局展示了"锁眼-8"号卫星拍摄的苏联战机照片，让议员们大开眼界。不知怎么回事，《简氏防务周刊》马上刊登了两架苏联战机照片。美国指责《简氏防务周刊》泄露美国侦察卫星的秘密，差一点儿引起大麻烦。

这次，《简氏防务周刊》又公布了

"锁眼–11"号卫星照片：正在建造的"库兹涅佐夫海军上将"号航空母舰

"锁眼–11"号卫星拍摄的黑海造船厂的"库兹涅佐夫海军上将"号航空母舰以及两艘水陆两栖登陆舰

"锁眼–11"号卫星拍摄的几张照片，使苏联最大海军造船厂的秘密卫星照片大白于天下。卫星照片显示了黑海造船厂的总体布局，在建的"库兹涅佐夫海军上将"号航空母舰，以及两艘水陆两栖登陆舰。

更关键的是，这也暴露了"锁眼–11"号卫星的侦察功能、飞行数据和拍摄技术等。当时，它的视力大约 0.3 米，能看清局部细节，而且会变换角度。卫星的秘密暴露以后，苏联会采取各种方法，误导和欺骗卫星。

这是谁干的？美国海军调查局和美国联邦调查局立刻展开联合调查。1984年 10 月 1 日，莫里森被捕。在他居住的公寓里，调查人员搜出了数百份政府文件，其中还有保密文件。次年，他被判刑。出狱后他仍然制造了许多麻烦。

2.5 用眼神撕碎航母

黑海造船厂的故事越来越精彩！

1988 年 11 月 25 日，位于乌克兰的黑海造船厂开工建造"乌里扬诺夫斯克"号核动力航空母舰。这是苏联第一艘超级航空母舰，第一代核动力航空母舰的首舰。预计 1994 年完成。

"乌里扬诺夫斯克"号满载排水量 7.9 万吨；长度 324.6 米，最大宽度 83.9

米；水线宽度 40 米，吃水 10.6 米。推进器为 4 台核反应堆，4 台蒸汽涡轮机，动力 28 万马力，大约 21 万千瓦；速度 30 节，大约 56 千米/时；航程无限，设计寿命 20~25 年。

"乌里扬诺夫斯克"号可装载官兵 3 000 名，武器装备为 12 枚"花岗岩"反舰导弹，8 门反导旋转速射炮，8 门旋转高射炮。它搭载战机近 70 架，其中 44 架"苏–33"战斗机或"米格–29K"战斗机，6 架"雅克–44"预警机，16 架"卡–27"反潜直升机，2 架"卡–27PS"搜救直升机。

"乌里扬诺夫斯克"号配备了 2 个"马亚克"蒸汽弹射器，滑跃起飞跑道和 4 个制动装置。它有一个长 175 米，宽 32 米，高 7.9 米的机库甲板。飞机由 3 部电梯提升到飞行甲板。电梯可承载 50 吨。舰艉安置了"月神"光学着

⬆ "苏–33"战斗机

⬆ "卡–27"反潜直升机

⬆ "乌里扬诺夫斯克"号航空母舰设计图

陆引导系统。

"乌里扬诺夫斯克"号具有巨大的威慑力和战斗力。苏联海军希望它从浅蓝走向深蓝，遨游全球，抗衡美国航母。如果苏联航母建好，对美国威胁很大。

当时，黑海造船厂正在建造 2 艘航母，除了"乌里扬诺夫斯克"号，还有"瓦良格"号。苏联也要造这么厉害的核航母，美国国家情报局认为：这是一个坏消息！

为了侦察苏联建造核动力航母的情报，美国国家情报局派遣 3 颗"锁眼-11"号照相侦察卫星，每天 6 次飞掠黑海造船厂；2 颗"长曲棍球"号雷达侦察卫星和 3 颗多光谱侦察卫星，轮番侦察黑海造船厂。美国中央情报局也启动了潜伏的间谍，侦察"乌里扬诺夫斯克"号的一举一动。每天都能获得正在建造的"乌里扬诺夫斯克"号和"瓦良格"号航母的照片和其他情报。

1991 年 11 月，因为苏联经济崩溃，"乌里扬诺夫斯克"号仅完成 20%，年底便彻底停工；后来卖给中国的"瓦良格"号航母完成 68%。

1991 年 12 月 25 日，红色帝国——苏联解体，乌克兰变成独立的国家。在苏联分家时，乌克兰继承了苏联的遗产——"乌里扬诺夫斯克"号和"瓦良格"号航空母舰。

北极熊彻底瘫倒了，美国还要在腰部再给几个猛拳，将它彻底打死。

当中央情报局的专家看着"锁眼-11"号卫星和美国特工新拍摄的"乌里扬诺夫斯克"号和"瓦良格"号航母的照片，还是战战兢兢。"这是一只核动力的半死不活的老虎。如果活过来或落到别人手里，对美国最不利。"

"怎样不花一分钱，将苏联航母撕成碎片？"一个阴险的计谋出笼了！

"锁眼-11"号卫星拍摄的苏联建造中的"乌里扬诺夫斯克"号航空母舰和船台

美国中央情报局间谍拍摄的"乌里扬诺夫斯克"号

2.6 整死你，没商量！

苏联解体后，乌克兰黑海造船厂厂长尤里·马卡罗夫十分为难：几万工人没有活干，天天等着厂长发工资，不然就闹事。

马卡罗夫厂长也是急得差一点儿上吊："我现在太穷了，穷得连根上吊绳都买不起！"正在危难之时，一个好事来了。

一天，挪威一家轮船公司的代表来到黑海造船厂：我们需要建造6艘大型商船，并带来了图纸。厂长，能不能建造？

马卡罗夫一看：这些商船很大，能挣很多钱。但是，这么大的船，只能在建造"乌里扬诺夫斯克"号的0号船台建造。

挪威轮船公司代表说："我们的订单很急，最好尽快交付第一艘。价钱绝不会让你们吃亏！如果你担心资金，第一笔预付款马上就到。"

马卡罗夫厂长看着图纸发愣。他不担心造商船，最担心的是"乌里扬诺夫斯克"号还占着0号船台。他提出能不能缓一下。挪威人摇头说不行！

马卡罗夫厂长急得团团转：工人没活干要吃饭，现在生意来了，可是没地方造船。"乌里扬诺夫斯克"号那么大、那么重，那么珍贵，又不能随便动。

最后，黑海造船厂的领导们决定：活命要紧！立刻拆掉"乌里扬诺夫斯克"号，腾出地方建商船。

麻烦又来了！航空母舰可是个大家伙，几十万吨的废钢材堆起来就是一座大山。放哪儿？

正当尤里·马卡罗夫厂长犯难之际，凑巧的事又来了！

一天，一家美国大型废旧钢铁回收公司的副总裁找上门来。他提出以450美元一吨的价格收购这些钢材。

"450 美元一吨？"黑海造船厂的领导们心里乐开了花：这价格大大高于国际废钢铁的收购价格。如果将这几十万吨钢材卖掉，既可挣钱养活工人，又可腾出0号船台建造新轮船，挣大钱。

工人拆除"乌里扬诺夫斯克"号航母

现在，马卡罗夫唯一的选择是：立刻将"乌里扬诺夫斯克"号拆掉，卖废铁，发工资。不然，美国人后悔了，就来不及了。

尤里·马卡罗夫也曾担心这个两全其美的计划风险很大：如果这是美国佬与挪威人的阴谋怎么办？

这时，这位心力交瘁的老厂长管不了那么多了："养活工人要紧！拆船！腾地方！"

黑海造船厂以最快速度将航母拆除。1992年2月4日，"乌里扬诺夫斯克"号完全拆除。苏联海军第一代核动力航空母舰——"乌里扬诺夫斯克"号彻底解体。0号船台空荡荡的，等待建造新轮船。

这时，挪威轮船公司来消息了：生意变差，原来的订单取消，违约金照赔！

美国废旧钢铁回收公司派了一个人说："那个副总裁是个草包，不懂国际废钢铁的价格，已经撤职了。如果要卖废旧钢铁，价格150美元一吨。"

事到如今，庞大的航母已经变成碎片，150美元一吨也得卖。

在黑海造船厂的另一艘建造了大半的航母——"瓦良格"号，也当废铁卖掉了。至此，苏联时期核动力航母的根儿被拔得一干二净。

谁设计了将"乌里扬诺夫斯克"号拆毁的阴谋呢？美国中央情报局捂住嘴笑了：我们！

2.7 "无限延伸"行动

苏丹，位于非洲东北部，红海沿岸，撒哈拉沙漠东端。苏丹人都喜欢艳丽的服装，大男人也不例外，号称"迷彩国家"。

原来这里是一片净土，民风淳朴，与世无争。连年的内乱加上恐怖分子猖獗的活动，使它成为世界上最不发达、最不安定的国家之一。

喀土穆，是苏丹共和国的首都。20世纪80年代，基地组织头目本·拉登曾长期居住在这里，与许多当地人关系密切。

1992—1996年间，苏丹从国外进口零部件，在喀土穆建立了一座制药厂——希法制药厂。它是喀土穆当地最大的制药厂，1997年7月12日开工。

非常奇怪的是：希法制药厂由重兵把守，戒备森严，所有进出工厂的人都要搜身。药厂经常会飘出难闻的气味，刺痛眼睛，灼伤肌肤。更奇怪的是，它没有与任何药品公司做生意，只与当时伊拉克总统萨达姆签订了"药品"合同。

"什么？还有不卖药的药厂？"不久，美国中情局得到密报后，立刻派特工扮成当地人，来到希法制药厂周边，从空气、土壤、水源和植物中提取了化学样本。

很快，在提取样本中均发现有机磷酸酯类化合物。根据联合国《禁止化学武器公约》，这种化合物可用于制造杀菌剂和抗生素等药品，也可成为制造化学武器和神经毒气的原料。它已被列为禁品。

根据技术分析，希法制药厂完全有能力制造化学武器和神经毒气。本·拉登已投资希法制药厂，想在这个贫穷落后的地方，神不知鬼不觉地制造化学武器。

于是，美国"锁眼-11"号照相侦察卫星日夜从太空侦察希法制药厂。

一段时间之后，已经有足够的证据显示：苏丹、本·拉登、药厂官员与伊

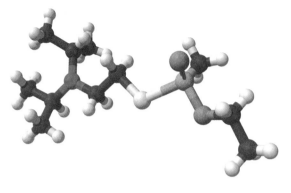

神经毒剂的化学模型

"锁眼-11"号从太空侦察拍摄的希法制药厂

拉克化学武器专家之间有接触。

当美国中央司令部和中央情报局扯皮，怎么消灭本·拉登时，本·拉登溜了，不知所终。

1998年2月23日，本·拉登等恐怖分子以"伊斯兰圣战阵线"的名义，发布了一项讨伐犹太人和十字军的教令。

1998年8月7日，基地组织在肯尼亚首都内罗毕和坦桑尼亚首都达累斯萨拉姆，同时用卡车炸弹袭击了美国驻肯尼亚大使馆、美国驻坦桑尼亚大使馆。

这两起汽车炸弹袭击，共造成225人死亡，受伤4500人以上，许多人致残。基地组织宣布对这两起爆炸案负责。

大爆炸激起全世界人民的愤怒。

美国中央情报局与肯尼亚、坦桑尼亚当局立即对爆炸案展开调查工作，数

"锁眼-11"号侦察卫星2002年照片：基地组织位于阿富汗的大本营——巴德尔，恐怖分子在巴德尔挖了无数个地道

名恐怖分子被控涉嫌参与了炸弹袭击。美国立刻开展全球追捕和猎杀行动。

这时，本·拉登已经逃往阿富汗。美国侦察卫星发现了基地组织位于阿富汗的巴德尔大本营。这儿聚集着上千名恐怖分子。最重要的消息是：希法制药厂制造神经毒气和两起美国大使馆爆炸惨案的主谋本·拉登也在这儿！

为了打击和报复基地组织，美国国防部很快制定了消灭恐怖分子的作战计划——"无限延伸"行动，由美国海军执行。1998年8月20日，美国总统克林顿下令："无限延伸"行动开始！

🔊 "无限延伸"行动中，美国海军发射"战斧"巡航导弹瞬间

🔊 "战斧"巡航导弹

美国海军停泊在阿拉伯海的6艘军舰、1艘攻击核潜艇，一起向阿富汗首都喀布尔以南150千米的6处恐怖分子训练营地，发射了66枚"战斧"巡航导弹。同时，美国海军位于红海的2艘军舰向苏丹喀土穆的希法制药厂，发射了13枚"战斧"巡航导弹。

在"无限延伸"行动中，"战斧"巡航导弹从天而降，遍地开花。在巴德尔大本营的基地组织，被彻底摧毁，暴毙了多达600名恐怖分子。本·拉登很狡猾，又躲过一劫。

苏丹的希法制药厂也被摧毁，夷为平地。

后来，人证和物证显示：希法制药厂有大规模杀伤性武器和制造化学武器的相关设施，也确实制造过化学武器。

"无限延伸"行动完全正确，也非常及时。不然，会有更多人被化学武器杀死。

真相和正义也许会迟到，但不会缺席。

第3章

时 空的坐标

如何将时间和空间变成全球作战的撒手锏，塑造一个掌控地球的神话，演绎一个拯救大兵的传奇？其实，先进科技也不是万能的，有时会成为捏在人家手里的小尾巴。因此，惊奇无处不在！

3.1 时空的子午线

　　浩瀚无垠的海洋，惊涛骇浪，凶险重重。万里远征挡不住一只勇往直前的海龟，寻找故乡的决心。

　　海龟，遍布世界各地的热带和亚热带海域。每年繁殖季节，海龟都要历经千辛万苦、乘风破浪，前往自己的出生地，雌海龟在海滩上产卵，并孵出自己的小宝宝。这种行为称为"纳塔尔归巢"。

　　科学家利用卫星、磁力计、数据记录仪等，破译了许多动物精准导航的秘密。例如，蜜蜂可以通过太阳、天空的偏振光和地球磁场来导航；鸽子可以利用太阳、地球磁场、地球重力、嗅觉和视觉，寻找回家的路。

　　动物们利用地势地貌、地球磁场、地球磁力线、嗅觉味道、化学信号、日月星空、天空偏振光等，确定速度和方向的信息，精准导航。

　　每一种动物都有各自的导航本领，各显神通，这才能在地球上生存。

　　地球磁场在全球范围内变化，不同的地理区域有不同的磁场。海龟的大脑似乎有一个磁罗盘。它们利用大脑中磁性晶体的磁力，感受地球磁场

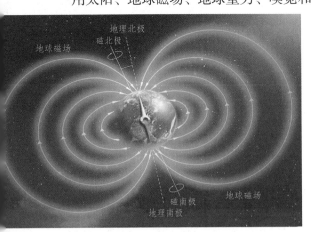

🔊 地球磁场

海龟：地磁导航

鲑鱼：嗅觉导航

的强度和方向，能够准确洄游到故乡。这称为地磁导航。

鲑鱼、鳟鱼开始生活在淡水溪流中，最终沿着河流漂流，冲向大海。几年后，它们先以地磁信息接近太平洋海岸，然后品尝水的味道，回忆小时候的味道，判断前进方向，回到它们出生的同一条溪流中产卵。这称为嗅觉导航。

大雁、燕子等候鸟天生具备导航本领。它们将太阳、星星和月亮作为指南针，飞行几千千米不迷失方向。这称为天文导航。

在茫茫的大沙漠中，"沙漠之舟"骆驼凭借灵敏的嗅觉、地貌和记忆分辨方向，寻找水源和道路，穿越沙漠。聪明的老马能根据周边参照物和记忆能力，找到前方的道路。这称为地貌导航、记忆导航。

人类凭借智慧和科技，研究发明了许多新的导航方式和导航技术，例如，惯性导航、天文导航、无线电导航、卫星导航、芯片导航，以及多种方法混合的组合导航。卫星导航是最简单、最方便的导航方式。

卫星导航

导航卫星在太空飞行，发射时间和空间的信号，地面的接收机接收信号。接收机只要接收到 4 颗卫星的信号，利用三角定位的方法，几秒钟就能够确定自己的位置、经度和纬度、时间和空间。当知道了坐标、时间和空间，往哪儿走还不容易吗？

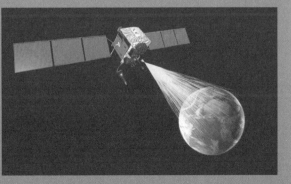
卫星导航：卫星发射信号，地面接收信号，确定方位

3.2 掌控地球

卫星导航，是指利用卫星进行导航的科技。世界上第一种导航卫星系统是美国的全球定位系统，英文简称 GPS。

全球定位系统由 32 颗卫星组成卫星星座，24 颗作战，8 颗备份。24 颗卫星分布在 6 条轨道上。每条轨道平面上均匀分布 4 颗卫星，运行高度 20 200 千米，轨道倾角 55°。地球上任何地方可以同时看到至少 4 颗卫星。每颗卫星都围绕着地球运转，每天两圈。

全球定位系统的特点是：高精度、全天候、高效率、多功能、操作简便、应用广泛等。导航卫星是最重要的战略资源，都归各国国防部管辖。

导航卫星的信号分为两种：军事信号和民用信号。军事信号的定位误差不大于 0.01 米，民用信号的定位误差不大于 10 米。全球定位系统的时间误差不大于 0.1 秒，授时精度优于 0.000 001 秒。

全球定位系统有 3 个精度标准，数值越小越好。定位精度以"米"为单位，速度精度以"米/秒"为单位，时间精度以"纳秒"为单位。纳秒只有十亿分之一秒。时间精度和速度精度比较容易实现。导航卫星专家一直努力追求定位精度。

美国 GPS 有一项撒手锏——"快门"控制。"快门"控制即指通过控制卫星天线的指向，暂时关闭某一战区

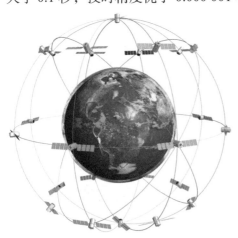

🎧 全球定位系统示意图

的信号、加入密码授权等方法，使敌方军队难以利用 GPS 系统。如果敌方破译了密码，GPS 能发射虚假定位信息，欺骗误导敌方。在发生战争时，美国将启动"快门"，不让敌人利用 GPS。

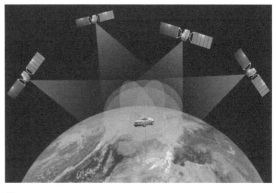

导航卫星提供精确的位置、方向、运动速度和时间信息

2020 年底，美国 GPS 系统已经研发到第三代，共计 7 种型号，发射了 77 颗卫星。第三代 GPS 卫星将改善导航精度，为作战部队和民用用户服务，并提供先进的抗干扰能力，提高系统的安全性、准确性和可靠性。目前，在太空中还有 34 颗 GPS 卫星，24 颗正在战斗值班，10 颗为预备役。

全球卫星定位系统的用途十分广泛，甚至渗透到每一个人的行动和生活。它应用于精确导航、时钟同步、信息通信、手机通信、自动驾驶、救灾服务、跟踪定位、地理坐标、地图制作、全球测量、地壳运动测量、军队作战、导弹飞行，以及航天器飞行等。

"只要你敢想，它就可以为你做出来。"导航卫星的巨大作用和功能，连最先的设计者们都没有预料到。

两千多年前，古希腊最伟大的科学家阿基米德在证明杠杆定律时，曾大声宣布："给我一个支点，我可以撬动地球。"现在，导航卫星可以说："给你一个 GPS，你可以掌控地球。"

卫星专家正在测试第三代导航卫星

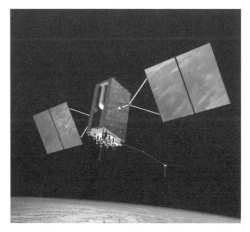

美国第三代导航卫星

 3.3 绝密拯救

　　1999年3月24日，科索沃战争爆发。北约国家参与打击南联盟军队，支持科索沃独立。美国驻欧洲空军第49联队第8和第9战斗机中队部署到意大利和德国的空军基地，飞行F-117"夜鹰"隐形战斗机。

　　这款战斗机是当时世界上最先进、也是第一种隐形战机。它外形诡异，像个蝙蝠，可以神不知鬼不觉地飞临世界任何一个地方，多次被当成外星人的飞碟，充满神秘感和传奇色彩。

F-117"夜鹰"隐形战斗机

　　F-117"夜鹰"隐形战斗机安装了当时最先进的GPS卫星导航系统，也为飞行员设计了多种卫星定位功能，如逃生座椅、头盔中的无线电和卫星定位仪。

　　1999年3月27日晚上，气候条件很不好。南联盟第250防空导弹旅第3营佐尔坦·达尼中校接到防空总部通报：位于亚德里亚海的北约驻意大利空军基地EA-6"徘徊者"电子干扰机和"野鼬鼠"反导飞机起飞。

　　达尼中校知道，这意味着大批轰炸机、战斗机、攻击机即将出发。一场激烈的地空战斗又要开始了。

　　几乎同时，美国驻意大利阿维亚诺空军基地的4架F-117战斗机正做最后的准备，将攻击南斯拉夫首都贝尔格莱德。第49联队的戴尔·泽尔科中校驾驶的F-117战斗机，呼号"维加-31"。20时40分，泽尔科中校一行4架

"萨姆-3"地空导弹

P-18远程雷达与"萨姆-3"地空导弹

F-117战斗机扔完炸弹返航，20时45分，泽尔科中校的航向——西北。

达尼中校正指挥"萨姆-3"地空导弹的火控雷达，发射防空导弹。"萨姆-3"的4联装地空导弹一气呵成，发射完毕，直刺天空。

突然，泽尔科看到一枚导弹飞驰而来，自然闭上了眼睛，机身随后一震。他没有发现被雷达锁定和导弹追踪的警报，他的飞机就被致命的、锯齿形的导弹钢碎片削切了。F-117战斗机开始剧烈俯仰和滚动，失速朝地面坠去——一架传奇的隐形战斗机被击中了。

泽尔科俯下身拉动弹射手柄。飞机天篷瞬间打开，弹射座椅弹离飞机，泽尔科进入防空火炮下寒冷的夜空。

泽尔科打开降落伞，急速下降。泽尔科预感到敌军正在地面等待着捕捉他。击落F-117战斗机和活捉飞行员的宣传价值，对南联盟而言将是巨大的。在这之前，F-117隐形战斗机似乎不可战胜。

泽尔科拿出救援收发机，用紧急频率急切地呼叫："求救！求救！求救！'维加-31'！"

"弗兰克-36"空中加油机最先听到呼救信号，但不知道泽尔科在哪儿。在不远处空中盘旋的英国 E-3 预警机也捕捉到了泽尔科的呼叫，机长弗兰克·格雷厄姆和机组成员开始疯狂地做出反应，立即检索大量数据，查证谁是"维加-31"、机型、部队以及所执行的任务。

"维加-31"失事的消息立即被上报盟军司令部和美国驻欧洲空军司令部。

根据飞行员紧急救援程序，泽尔科又用另一个无线电频道呼救。他没有听到回应；又用无线电发射紧急信号："现在是紧急信号，'维加-31'已经坠毁。"

泽尔科知道：南联盟军队也在侦听无线电信号。他3秒钟后就关闭了无线电收发机，停止了蜂鸣器，却很快得到一个关键的回应信号："'维加-31'，收到紧急通报。"泽尔科舒了一口气：盟军的营救行动马上就会展开。

南联盟击落的F-117隐形战斗机

GPS 导航卫星紧急动员

美国空军伞降搜救队,真名是美国空军第23航空队,属于特种作战部队,下辖30多支搜救中队,分布在世界各地11座空军基地。它经常与其他特种部队联合作战,曾参加过二战、土耳其政变、朝鲜战争、越南战争、科索沃战争、自由伊拉克战争等无数战斗。官兵们戴着象征精英身份的枣红色贝雷帽,被昵称为"默鲁恩贝雷帽""穿睡衣的精英""搜救别动队"。

这时,为了更隐蔽,泽尔科调整降落伞,将降落方向转到鲁马镇附近的田野里,很快安全着陆。

落地后,泽尔科观察了一下,赶紧把降落伞、伞绳藏了起来。在转移到隐藏点前,他抓起泥土和污垢,涂抹在脸上、颈部和手上。

他找到一个藏身地点,等待救援部队的到来。泽尔科知道:美国没有战士陷入险境而不救援的传统。

美国空军为被击落的飞行员配备有几样东西协助救援:无线电台、GPS 全球定位仪、几个信号装置和一支 9 毫米口径手枪。泽尔科马上打开卫星定位仪,开启卫星发射机,发射求救信号。

美军的 GPS 导航卫星立即发现飞行员准确的降落地点;照相侦察卫星马上变轨,增加飞经贝尔格莱德的次数;电子侦察卫星立刻进入侦听南联盟军队的通信信号;军事通信卫星紧急动员,组建起链接美国空军司令部、美国空军驻欧洲空军司令部、各军种特种作战司令部,以及各级搜救中心的通信网。

位于欧洲上空的 6 颗 GPS 导航卫星进入紧急状态,3 颗备份导航卫星立即激活,进入战斗值班。美国总统克林顿亲自坐镇美国国防部:"我想听到好消息!"

一场拯救大兵泽尔科的行动开始了!美国陆军、海军、空军和海军陆战队各自拥有特种作战部队,同时拥

美国空军伞降搜救队空中突击　　　　　　MH-53J"铺路者"特战直升机

有各自的搜救部队。美国空军搜救部队中有一支美国空军伞降搜救队。

伞降搜救队第2特遣队的3架直升机刚到图兹拉空军基地,就进入战斗值班。

第55救援中队的指挥官史蒂文·兰肖中校正指挥飞机前往加油,就接到了一架 F-117 被击落的消息,随即接到尽快救援的紧急命令。地点:诺维萨德镇西北。

根据《美军战时搜救行动条例》的规定:搜救队伍由救援直升机和A-10"雷电"攻击机组成。A-10"雷电"攻击机还负责指挥、控制及战斗支援,为救援直升机保驾护航。

阿维亚诺空军基地作战中心的值班指挥官菲尔·哈恩少校立即下令:第81战斗机中队的2架A-10"雷电"攻击机从阿维亚诺空军基地首先起飞,掩护救援直升机营救飞行员;同时,F-16战斗机也立即起飞,抓紧轰炸其他重要目标,转移南联盟的注意力,掩护救援行动。

这时,在战区上空已经有一架EC-130E特种电子战飞机在盘旋,监听泽尔科的无线电呼叫。机上人员发现大量的南联盟军队正赶赴泽尔科跳伞地区,准备展开搜捕。

时间就是生命!美军救援队要与时间赛跑。

从意大利北部维琴察陆军基地起飞的 MH-60G "铺路鹰" 等3架救援直升机,在詹姆斯·卡多索上尉率领下,呈三角编队向前飞行。为了避免暴露,一直保持无线电静默,在树梢的高度上疾驶。机上每个人都戴上了夜视镜。

当直升机进入塞尔维亚领空,南联盟的一个地空导弹阵地打开雷达寻找联军战机。美军一架F-16CJ"战鹰"战斗机在高空发射高速反辐射导弹,发动攻击。反辐射导弹是一种"谁扫描我谁就死"的导弹。一瞬间,导弹阵地的雷达被炸飞,扫描立即停止。

这时,静静躺在草丛里的泽尔科听到周边有人跑来的动静。他悄悄拿出

GPS 全球定位仪，读出自己所在位置的准确方位坐标，然后一按发射键，以密码的方式将坐标参数发给正在上空盘旋的 EC-130 特种电子战飞机。

年轻的中士伍达德解读出密码、确定经纬度。军士长立即在地图上找出了泽尔科的精确位置。

A-10 "雷电" 攻击机，经过一个多小时的飞行，也进入了塞尔维亚空域。30 号战机的克雷上尉试图与泽尔科取得无线电通话，以确认是他本人在使用无线电。

这时，所有直升机和战斗机赶赴塞尔维亚西部边界鲁马镇泽尔科坠机地点。

塞尔维亚人继续向泽尔科靠近，再靠近。当时，他们已经发现了 F-117 的弹射座椅和一些脚印。现在，他们正乱喊乱叫，准备活捉飞行员。

这时，4 架 A-10 攻击机和克雷上尉的战机一面在泽尔科坠落的地点上空盘旋，一面焦急地等待搜救直升机和空军伞降搜救队。很不巧，山谷上空有一块低空云层，克雷上尉无法继续观察地面、评估威胁状况。

克雷上尉只能呼叫泽尔科，并确认是他本人，然后开始呼叫：所有的直升机飞向救援地点。克雷上尉的飞机因为油料不够不得不开始撤离，立即将现场指挥权转移给哈恩少校和他的僚机乔·布劳索上尉。

哈恩少校命令：MH-60G 特战搜救直升机着陆接人，2 架 MH-53 "低空铺路者" 重型运输直升机在上方盘旋进行掩护。当 "铺路者" 直升机的飞行员在超高频无线电里呼叫：我们已经抵达距离目标 2 英里的地方时，请泽尔科听到并马上做好发射红外信号的准备。

美军救援行动紧张进行，南联盟的军队也忙得不亦乐乎。坠机地区的塞尔维亚导弹阵地开始扫描搜寻盟军的飞机。A-10飞行员看到雷达预警装置上的预警指示，马上播撒箔条诱饵弹，开启电子干扰吊舱，以及飞行机动来躲避致命的导弹。

♠ MH-53M "低空铺路者" 重型运输直升机

♠ MH-60G "铺路鹰" 特战搜救直升机

MH-60G "铺路鹰" 直升机机长卡多索看到卫星导航仪显示的位置，通报："我已经飞抵泽尔科的上空，但没有发现红外信号器的信号。"同时，泽尔科听到头顶上直升机的轰鸣声，马上发射红外信号。卡多索说："我看不见！"

按空军搜救队的要求：成功营救的时间为3分钟，空中联络和下降2分钟，地面营救为1分钟。现在，时间快用完了！怎么办？泽尔科以为信号器出了问题！在泽尔科上空盘旋的卡多索和其他直升机都看到：敌人车辆正沿着公路开过来。

南联盟的军队好像已经知道美军发现和正在营救飞行员。他们蜂拥而至，一片枪炮声。

时间不能再浪费了。"你快给我一个信号！不管什么样的都行！"卡多索在无线电里大声呼喊。

泽尔科举起了一根照明棒，照明棒照亮了整个区域，卡多索立即看到了他。泽尔科在他的右前方，大约半英里之外。

"Bingo！Bingo！Bingo！快把照明棒熄了。"卡多索在无线电里喊道。

这句话差点引起了泽尔科误解。对于特种作战部队，"Bingo"的意思是

"我们已经看到了目标"。然而，对固定翼飞行员来说，"Bingo"的意思是"我只有足够的燃油回到基地，必须走了"。飞行固定翼飞机的泽尔科感到很奇怪。

MH-53M"低空铺路者"直升机沿着河谷搜索

但不管怎么样，救援队伍看到了泽尔科，附近的塞尔维亚军队也看到了他："快快快！他就在前面！抓住他！"

这时，2架"低空铺路者"直升机一面盘旋一面做好扫射准备。一架"铺路者"的驾驶员看着卫星导航仪，做了一个很陡峭的着陆动作，快速停在距离泽尔科30米的地方。直升机上，机炮射手用微型机炮搜寻着任何可能出现的敌人。

空军伞降搜救队两名队员跳下飞机，看了一下卫星导航手表，举着步枪向泽尔科藏匿点的3点钟方向靠近。

泽尔科按照受训时学到的规矩：双腿跪在地上，举起双手摆动，这是表示不抵抗的姿势。头戴枣红色贝雷帽、身穿黑色战斗服的救援伞兵向他跑来，马上确认了他的身份。他们拉起泽尔科："长官，我们接您回家！"

家，是一种美妙的感觉，而不仅仅是一个地方。美军赶在南联盟搜索队之前找到并救出飞行员。拯救泽尔科，从击落到救援成功，一共6个小时。搜集队员在地面上只停留了40秒钟，就救出了泽尔科。

突击队长兰肖中校说："一切如钟表般精确。"

在返回的飞机上，美国总统克林顿打来了祝贺电话："小伙子，祝贺你！快点儿回家！"

这时，南联盟搜索队还在扩大范围，进行拉网式搜索：飞行员明明就在这里？藏到哪里去了？

一周后，克林顿宣布：美军蜻蜓点水一般，早已成功救出F-117隐形战斗机飞行员。

事后查明：佐尔坦·达尼中校指挥的第250防空旅第3导弹营，发射导弹攻击另一批美军战斗机时，

空军伞降搜救队空降救援

一枚导弹在飞出攻击范围后最终爆炸，弹片恰好击中 F-117。达尼中校创造了无意中击落 F-117 的奇迹，但并不知道是如何击落的。

由于这架 F-117 被击落，隐形技术已经泄露，2008 年，F-117 隐形战机全体退役。

这次拯救 F-117 飞行员是一次载入史册的成功行动。美国国防部为所有参加救援行动的官兵晋级授勋。官兵们认为：功劳最大的应该是 GPS 导航卫星。GPS 导航卫星为救援行动打开了一条崭新的道路。

事实证明：靠地图和指南针的作战模式已成为过去。

GPS 导航卫星的秘密仍然保留在神秘中。它又会引发什么震惊世界的大事件呢？

2009 年 12 月，美国空军军史作家达雷尔·惠特科姆首次在《空军》杂志上发表《那晚，拯救"维加-31"》，真实披露了拯救大兵泽尔科的惊心动魄的场景，比《拯救大兵瑞恩》故事更惊险。后来美国将拯救大兵泽尔科的故事也拍成了电影。

🔵 拯救大兵泽尔科胜利归来

3.4 坎大哈野兽

这是一场如入无人之境的侦察之战。这是一场斗智斗勇的隐形之战。这是一场欺骗与反欺骗的间谍之战。这更是一场惊心动魄的科技之战。

2011 年 12 月 4 日，伊朗军队得意地宣布：我们"活捉"了一架飞越伊朗的美国间谍飞机——"哨兵"隐形无人侦察机。

当俘虏的滋味是不好受的！美国政府要求伊朗归还无人机，伊朗坚决不还，还要交给联合国安理会，投诉美国侵犯领空。

美国发现：没有 GPS 导航卫星是万万不可以的，但 GPS 导航卫星也不是万能的。

伊朗证明：GPS 欺骗攻击确实是可能的！GPS 欺骗攻击是指敌人利用卫星导航技术，欺骗、绑架、劫持飞机。

⬆ 美国"哨兵"隐形无人侦察机

伊朗捕获的"哨兵"无人机仅轻微受损。它有可靠的自杀系统，但没有用。

伊朗是怎样活捉"哨兵"的呢？原来，伊朗通过获得的情报和精确的电子监视，在这架无人侦察机进入伊朗前，就获知它将进入伊朗领空，搜集情报。后来，伊朗截获并破译了"哨兵"的飞行控制指令。

伊朗是如何截获和破译"哨兵"无人机的控制指令的呢？

RQ-170"哨兵"是一种隐形无人侦察机，由美国洛克希德·马丁公司臭鼬工厂研发。它很像一只回飞镖，有一个无尾飞翼，背上一个飞机吊舱，装备一台高性能发动机，属于喷气发动机。

"哨兵"无人机不携带武器，主要任务是战术侦察，而不是战略情报侦察。它的老东家是美国空军、中央情报局，曾参加击毙本·拉登的作战行动，深受美军信赖。"哨兵"装有自毁装置。如果发生 GPS 欺骗攻击，在被俘之前或紧急情况下，飞机就会炸得粉碎。

这架无人机平时待在阿富汗的坎大哈空军基地。它经常飞过伊阿边境，监听伊

🚀 无人机主要有两种飞控模式。

1. 自动控制模式。飞控人员先给无人机设定飞行路线，无人机按程序飞行。在飞行过程中，飞控人员通过卫星接发数据，并与机载电脑中的数字地图核对路线，保证不偏离航线。无人机完成任务后按飞控程序返回。

2. 人工控制模式。地面飞控人员直接遥控无人机，或将遥控指令通过通信卫星转发到无人机，指挥控制其飞行。

"坎大哈野兽"——"哨兵"无人机

朗的无线电通信，拍摄伊朗核工厂，进行核武器的放射性离子分析。伊朗很恼火，伊朗防空部队试着在伊阿边境安装了雷达系统。十分遗憾，每当雷达扫描到它时，"哨兵"的电子战系统就发出干扰，伊朗雷达的监视屏幕马上"雪花"一片，噪声嗡嗡，变成"睁眼瞎"，只能看它离去，急得干瞪眼。

伊朗飞机专家说："我有个好主意！无人机必须依靠 GPS 导航才能确定方位并纠正路线，那就拦截无人机的控制指令，找到后定位'哨兵'的行踪。"

靠谱儿！伊朗马上利用无线电侦测站，监听经过伊朗上空的 GPS 导航卫星信号。非常遗憾，没有发现"哨兵"的卫星信号。咦？它到底是怎样导航的呢？

伊朗又耍了一招：在伊阿边境部署 6~8 套干扰设备。每套干扰设备覆盖范围方圆 100 千米。如果干扰屏蔽了 GPS 导航信号，"哨兵"必然有去无回，乖乖掉下来。然而，"哨兵"不怕干扰，照样大模大样飞回去了。啊？问题出在哪儿呢？

聪明的伊朗人终于想明白了：除了 GPS 导航卫星之外，手机的移动通信技术也可以精确导航。美国佬可能为防止卫星指令被监听或干扰，将控制指令隐藏在民用移动通信信号中，利用手机信号为"哨兵"导航。

伊朗活捉的"哨兵"无人机

美国佬这方法也太隐蔽了！当"哨兵"进入伊朗领空后，飞控指令就从卫星信号变成了手机信号。美国潜伏在伊朗的间谍或在阿富汗的美军，利用手机信号为"哨兵"导航。若要找到间谍太难了，伊朗只好想了一个笨办法，也是非常有效的好办法。

伊朗派遣间谍潜伏到阿富汗的坎大哈空军基地附近，每当"哨兵"起飞，伊朗间谍就摆弄那些侦测仪器，监测"哨兵"的无线电信号。终于发现了"哨兵"通信的频段、频率，并破译了信号和密码。

当"哨兵"无人机再次耀武扬威地出现在伊朗上空时，伊朗电子战部队切断了"哨兵"与基地的通信联络，又屏蔽掉美国导航卫星信号，立即假冒美军的通信频段和频率，给"哨兵"无人机发送信号。这个傻瓜"哨兵"并没有警觉性，竟然回应了。

伊朗利用高超的电子技术，终于绑架、劫持了这架号称"坎大哈野兽"的无人机，并拆除了它的自毁装置。伊朗宣称：我们已经破解了"哨兵"无人机的秘密。不久，我们将成功建造无人机。

美国空军很纳闷，也不相信伊朗掌握了诱骗、劫持和迫降"哨兵"的能力，更不相信伊朗拥有破解"哨兵"无人机的技术和能力。美国人认为这里面一定有阴谋。

 # 3.5 导弹的眼睛

20世纪80年代初，苏联开始建设与美国 GPS 系统相类似的卫星导航系统——"格洛纳斯"全球定位系统。它也由卫星星座、地面监测控制站和用户设备三大部分组成。

"格洛纳斯"导航卫星真名是"飓风"。"飓风"星座由 28 颗卫星组成，24颗作战星和 4 颗备份星。24 颗卫星均匀地分布在 3 个近圆形的轨道平面上，每个轨道平面相隔 120°。每个轨道平面有 8 颗卫星，同平面内的卫星之间相隔45°。卫星轨道高度 19 130 千米，运行周期 11 小时 15 分，轨道倾角 64.8°。

"飓风"全球定位系统共发展了五代："飓风""飓风–M""飓风–K1""飓风–K2"和"飓风–KM"。2011 年，"飓风"导航卫星组成全球导航系统后，定位精度达到 2.8~7.38 米，速度精度达到 0.01 米/秒，时间精度达到 1 纳秒。

彼得大帝有句名言："没有一支强大的海军，就没有强大的俄罗斯。"

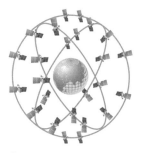

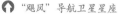
"飓风"导航卫星星座

"飓风"导航卫星

俄罗斯海军拥有世界上最强大的海军舰队：北方舰队、太平洋舰队、波罗的海舰队、黑海舰队和里海舰队。俄罗斯的航空母舰、导弹巡洋舰、导弹驱逐舰、导弹护卫舰阵容庞大，随时能掀起一场"海啸"。

俄罗斯海军现有的洲际导弹、战略核潜艇比美国海军多一倍。核潜艇是俄罗斯海上战略的主要核力量，是战略威慑力量的重要组成部分。几艘装载24枚核弹的核潜艇潜伏在某个海面下，对任何国家都是一种极其恐怖的威胁。

"飓风"导航卫星系统不但为海军舰艇提供方向坐标，为洲际导弹指引目标、运动速度信息、精确制导，还为俄罗斯的战机、轰炸机、直升机、坦克、步兵战车、导弹发射架、火箭炮、火炮、突击队、空降兵提供准确的地理、空间和时间信息。

2010年时，俄罗斯的重武器全部装备了新一代导航系统。俄罗斯战略火箭军的演习证明：洲际导弹的命中率几乎百分之百，误差不超过10米。战略火箭军司令称赞"飓风"导航卫星为"洲际导弹的眼睛"。

据悉，俄罗斯一种新的全球导航卫星系统项目已经开始部署。它就是号称"导航急先锋"的"时代"全球导航卫星系统。

俄罗斯第二代导航卫星——"飓风-M"

"飓风"导航卫星漂亮但精度不高

3.6 伽利略的荣耀

"伽利略"导航卫星星座

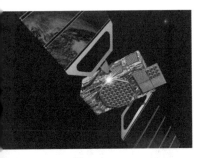

"伽利略"导航卫星

天文学家伽利略做梦也想不到，欧洲的全球卫星定位系统会用他的名字命名。

2002 年 3 月，"伽利略"全球卫星定位系统开始研发。它由欧洲太空局建设，投资 50 亿欧元。欧空局宣布："伽利略"全球卫星导航系统是"以和平为目的"的民用卫星定位系统，用于精确导航、定位、授时。

"伽利略"全球卫星导航系统，一共由 30 颗卫星组成星座，24 颗工作卫星，6 颗备份卫星。"伽利略"卫星的轨道高度 23 222 千米；分布在 3 个轨道平面上，轨道倾角 56°；每个轨道平面相隔经度 120°；每个轨道平面上运行 8 颗卫星，2 颗卫星备用。

"伽利略"导航卫星质量 675 千克；星体长 2.7 米，宽 1.2 米，高 1.1 米；太阳能帆板跨度 18.7 米，产生 1.5 千瓦电力；设计寿命大于 12 年。"伽利略"导航卫星提供水平和垂直测量，公众信号精度 1 米以内，加密信号定位精度 1 厘米，达到世界最高水平。

"伽利略"导航卫星号称比 GPS 覆盖面积大 2 倍，导航精度高 5 倍。欧洲导航卫星专家夸耀：如果 GPS 能找到钱包，"伽利略"可找到一枚硬币。

2011 年 10 月 21 日，第 1 颗"伽利略"导航卫星发射升空。2019 年，30 颗"伽利略"导航卫星全部发射到位，组成全球网络；2020 年，达到全球导航能力。"伽利略"卫星导航系统每 8 秒钟就刷新一次定位信息，快速、精准、便捷。

3.7 双面间谍

在北欧的丹麦，有一个海滨小镇——科尔斯，紧临大海，风光优美。1976年1月2日，一个未来的双面间谍——莫腾·斯托姆出生了。

少年时期，斯托姆因多次抢劫和暴力行为入狱。19岁时，这个坏小子皈依了伊斯兰教。1998年3月，斯托姆来到也门的萨拉菲，走上了一条激进主义的道路。不久，他认识了基地组织领导人安瓦尔·奥拉基。奥拉基游说他当上了间谍，成为潜伏在欧洲的一颗定时炸弹。

2006年，斯托姆第二次来到也门。这时，他开始怀疑激进的恐怖行动。他感觉恐怖活动与伊斯兰教的教义完全不一样，而且，恐怖活动都是屠杀无辜的平民，尤其是妇女和儿童。斯托姆对基地组织越来越不满。

"我不想当恐怖分子了。"一天，他联系了英国军情五处和丹麦安全情报局。后来，美国中情局也卷了进来。斯托姆说："我想回家！"

中情局官员道："不！你应该回到奥拉基的身边。我们想炸死奥拉基，需要你的帮助！"

从这时起，斯托姆弃暗投明，成为一名双面间谍。

这一天，斯托姆回到秘密基地，准备与奥拉基会面。突然，两名护卫端着枪走过来，站在斯托姆的身后。

安瓦尔·奥拉基，1971年4月21日出生于美国新墨西哥州。他是基地组织的发言人，创办恐怖组织的博客、杂志，被描述为"基地组织新闻站"站长和"恐怖组织宣传部长"等。奥拉基是基地组织中仅次于本·拉登的恐怖分子头目，曾策划和组织了基地组织的许多恐怖活动。

2010年4月，中情局将奥拉基列入暗杀名单。2010年11月，也门政府以密谋恐怖袭击的罪名，对奥拉基进行缺席审判。美国的"雄蜂"无人机多次搜寻和暗杀他，都没有成功。

斯托姆以为他们知道了自己的身份，心想：完了，死定了。

这时，坐在30多名基地组织"圣战者"中间的奥拉基站起来，祝贺斯托姆平安归来，并送上珍贵的礼物。

奥拉基没有发现斯托姆叛变了，反而还让他办了几件重要事情，其中一件就是给他找个欧洲老婆，最好是金发女郎。

斯托姆爽快地答应了。他在互联网社交网站上留了言征婚——真巧！奥拉基的一位克罗地亚女"粉丝"阿米娜回应了。

奥拉基看到阿米娜的照片，十分满意这位金发女郎。

2010年6月，斯托姆安排阿米娜抵达也门与奥拉基会面。在中情局的安排下，斯托姆悄悄将一个卫星定位仪装进阿米娜的行李箱。在准备出发的时候，阿米娜接到奥拉基的指示：把行李全部扔掉，一件不留！

计划落空，斯托姆很失望。中情局劝慰道："不要紧！来日方长！"

功夫不负有心人。一天，奥拉基抱怨U盘容量太小，装不了多少东西。

斯托姆在自己乱糟糟的抽屉里翻出几个U盘，随手扔给奥拉基一个。这是专门为奥拉基准备的"礼物"。U盘的芯片里安装了一个"伽利略"导航卫星定位程序，定位精度1厘米。

2011年9月30日早上,奥拉基准备前往马肋省召集恐怖分子开会，发动新的恐怖袭击。奥拉基的行踪立刻显示在中情局大屏幕上。

美国总统奥巴马下令:消灭奥拉基！两架"捕食者"无人攻击机立刻从位于沙特阿拉伯的秘密基地起飞，前往攻击奥拉基和3名恐怖分子乘坐的汽车。

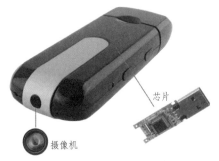

间谍U盘：安装了摄像机，芯片里安装了卫星定位程序

途中，奥拉基一行停下来准备吃早饭。突然，"捕食者"无人机贴着地面，飞驰而来。奥拉基发现不妙，试图逃离汽车。这时，两架无人机同时向汽车发射了几枚"地狱火"导弹。"轰轰轰——"奥拉基粉身碎骨。

美国总统奥巴马说："奥拉基之死对基地组织是一大打击。这次轰炸进一步证明：在世界任何地方，基地组织和恐怖分子都找不到避难所。"

3.8 导航地球和未来

导航卫星不是万能的，但没有导航卫星是万万不能的！

导航卫星技术先进，使得导航卫星功能强大，用途广泛，成为战争中决策、指挥、控制和作战的法宝。正因如此，中国也开始建设自己的卫星导航系统。

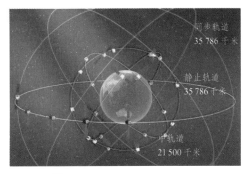

⊙ "北斗"卫星导航系统的轨道

中国的卫星导航系统有一个好听、形象的名字——"北斗"。它是中国的"北斗星"。"北斗"是中国自主研发、独立运行的导航卫星系统。"北斗"的科学目标是建成独立自主、开放兼容、技术先进、稳定可靠、覆盖全球的卫星导航系统。

"北斗"全球卫星导航系统的建设共分三步走。

第一步，2000年开始，"北斗-1"号试验卫星导航系统覆盖中国。

第二步，2012年开始，"北斗-2"号卫星星座由14颗"北斗"卫星组成：5颗地球静止轨道卫星、5颗同步轨道卫星和4颗中地球轨道卫星，建成覆盖亚太地区的区域卫星导航系统，覆盖范围为东经70°~140°，北纬5°~55°。

第三步，2020年，中国建成"北斗-3"号全球导航系统，共30颗卫星组成：24颗中地球轨道卫星、3颗同步轨道卫星、3颗静止轨道卫星。

为什么"北斗"由静止轨道卫星、同步轨道卫星、中轨道卫星组成全球卫星导航系统呢？这样的卫星导航系统，在太空高中低搭配、纵横交错地部署"北斗"全球导航卫星，可确保全球覆盖、全球导航和全时空导航。中国的"北

"北斗"卫星导航系统

斗"导航卫星已经相继发射升空定位，达到公共精度10米，军事精度0.1米。

2020年6月23日9时23分，"北斗-3"号最后一颗全球组网卫星在西昌卫星中心点火升空。这是"北斗"系统第55颗导航卫星，也是"北斗"系统最后一颗全球组网卫星。至此，中国的最新一代"北斗"导航卫星系统组网工作全部完成。在此之后，中国的第三代"北斗"卫星导航系统就会开始向中国军民和世界其他各国提供导航服务。

"北斗"，导航地球和未来！

静止轨道卫星沿着35 786千米高度的一条轨道飞行，与地球保持同步的位置。从地球上看，卫星就好像静止不动，称为静止轨道卫星。

各国导航卫星比较

卫星系统	北斗	伽利略	飓风	GPS	水手	准天顶
所属国家或组织	中国	欧洲	俄罗斯	美国	印度	日本
分类	全球	全球	全球	全球	区域	区域
编码方式	码分多址	码分多址	码分多址	码分多址	码分多址	码分多址
轨道高度	21 500千米	23 222千米	19 130千米	20 200千米	36 000千米	32 000千米 40 000千米
轨道周期	12时38分	14时5分	11时16分	11时58分	24时	23时56分
平面数量	3	3	3	6	3	4
卫星数量	35颗:5颗静止轨道卫星,27颗中轨道卫星,3颗大椭圆轨道卫星	30颗:24颗工作,6颗备份	28颗:24颗工作,4颗备份	32颗:24颗工作,8颗备份	7颗:3颗静止轨道卫星,4颗同步轨道卫星	7颗:5颗大椭圆轨道卫星,2颗静止轨道卫星
精度	10米(公共),0.1米(加密)	1米(公共),0.01米(加密)	2.8米~7.38米	10米(公共),0.01米(加密)	10米(公共),0.1米(加密)	10米(公共),0.1米(加密)

请测量一下智慧有多广，再丈量一下思想有多深。它是超视距的窃密者，精准测绘，让人们看到科技的力量，解开了许多未解之谜，同时又发现了更多的未解之谜。高精尖的武器还需要高精尖的脑袋。

 4.1 索马里土皇帝

在非洲大陆最东部有一个半岛，号称"非洲之角"。索马里就在半岛上。索马里三面临海，人口1 000多万，首都摩加迪沙。这是一个随着音乐跳舞的国度，只要非洲鼓敲响，女人们就会穿着五彩缤纷的花裙子，跳起优美的舞蹈。索马里很贫穷，但人们善良热情，也很快乐。不幸的是，这个国家几十年来一直动荡不安。

1969年，索马里国民军司令穆罕默德·西亚德·巴雷发动政变上台。

1991年1月，西亚德政权被叛军联盟推翻。不久，叛军联盟土崩瓦解，各部族武装成立了10多个政府，索马里陷入内战。同年2月，阿里·迈赫迪·穆罕默德成立新政府，自命为总统。老百姓都叫他"土皇帝""半岛大酋长"。

索马里依然军阀林立，互相攻打，甚至占领首都摩加迪沙、港口和关卡。索马里卷入战争和饥饿。百姓处在水深火热之中。

1992年7月初，联合国秘书长加利派遣一支联合国维和部队，监督停火。8月，"提供救济"行动开始。联合国和美国运送大量粮食、药品等救援物资前往索马里。各派武装又肆无忌惮地袭击和抢劫运送救援物资的船只和货机，抢劫和勒索联合国维和部队，甚至到处埋设地雷。

尽管联合国努力过，索马里各地仍没有停火，局势继续恶化，抢劫愈演愈烈。老百姓根本领不到粮食和药品，救援行动也面临巨大风险。

1992 年 11 月,索马里另一个土皇帝穆罕默德·法拉赫·艾迪德发号施令：联合国维和部队立即撤出！如果不撤出去,我们就一个字——打！

联合国的救援物资天天遭抢,几乎发不到难民的手里。如果联合国维和部队的官兵阻止抢劫,经常被枪杀和炸死,甚至还有更残忍的手段。

一天,美国中央情报局特别行动处特工拉里·弗里德曼开车前往交火地区,充当说客,谈判停火事宜。"轰隆"一声,他被一颗反坦克地雷当场炸死。

1992 年 11 月,美国向联合国安理会提议：联合国建立一支多国部队,确保人道主义行动的安全。这一提议得到了联合国安理会的赞同。联合国通过 794 号决议,各国维和部队命名为"统一特遣队"。联合国秘书长加利授权："统一特遣队"拥有采取一切必要手段的权利,确保救援物资发放到难民手里。

"统一特遣队"由联合国出面组织,美国、英国等 24 个国家的军人组成,其作战计划——"恢复希望"行动。

太饿了！索马里的孩子们等待救援物资

 # 4.2　太空特遣队

"统一特遣队"共计 3.8 万人,其中美国约 2.5 万人。美国中央司令部在索马里设立了美军联合特遣队,执行"恢复希望"行动。美军制定了最佳方案：首先空降占领摩加迪沙国际机场,同时在海岸两栖登陆。

1992年12月6日开始，美国海军特遣队——海豹突击队和海军特种部队开始在索马里的机场和港口附近进行侦察行动。

根据美国海军海豹突击队侦察：土皇帝穆罕默德·法拉赫·艾迪德已经下令封锁了摩加迪沙国际机场。武装分子占领了机场、航站楼和塔台，增加了防空火炮。跑道上设置路障，停放着坦克、装甲车，堆满了破汽车，堵塞了跑道。

"太糟糕了！"美国中央司令部司令摇头，"美军首先空降占领摩加迪沙国际机场，似乎不可能了。"

美国空军特遣队说："摩加迪沙国际机场是索马里最大的机场，其他的机场不能降落咱们的大飞机。"继而提出请求，"美国突击部队必须首先占领摩加迪沙国际机场。请想想办法吧！"

美军特遣队司令问：摩加迪沙国际机场有多大？跑道有多长？跑道上的路障有多少？ C-130"大力神"运输机能否降落？

美国中央情报局驻摩加迪沙的站长支支吾吾半天说不清。

美国国家侦察局局长说："这种事我们知道。请给我12个小时，派遣一支太空特遣队，测绘一下就知道了。"

美国国家侦察局马上派遣"小精灵""地理星""西科尔""前卫"测绘卫星、GPS导航卫星和两颗"锁眼"照相侦察卫星，组成一个太空特遣队。测绘卫星、导航卫星们飞临摩加迪沙国际机场上空，测量了机场；照相侦察卫星拍摄了机场的最新照片。

🎧 美国陆军特遣队

🎧 美军海军海豹突击队训练

"地理星"测绘卫星是美国海军的一种地球观测卫星。它有一根长长的螺旋形大鞭子，8个小刀片，下面一个银色探测仪器。质量635千克，设计寿命5年。"地理星"搭载了雷达高度表、多普勒接收机和激光反射器。雷达高度表能够测量从卫星到地面、海面的精确高度，相对精度约5厘米。激光反射器

测绘卫星

　　测绘卫星，又称测地卫星、测量卫星和制图卫星。按技术主要分为光学测绘卫星、合成孔径雷达测绘卫星、激光测高卫星和重力测绘卫星。它是专门用于地球测绘、大地测量、绘制地图的卫星，被誉为太空测绘员，能丈量大地的灵魂。

　　测绘卫星运行在高度1 000~6 000千米的圆形轨道上。测绘卫星的大地测量主要分为几何法和动力法。地面上由几个基准站和一个被测点同时观测测绘卫星，进行大地联测，可定出基准点和被测点相对于卫星的方位和距离，从而计算出被测点的大地坐标，绘制成精确的地图和海图。

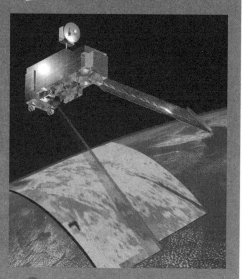

测绘卫星：测量地球，绘制各种地图

　　测绘卫星主要装载摄影测量相机、多光谱相机、微波雷达等，可拍摄光学、雷达、红外、立体、多光谱照片等，测定地面坐标、地球形体和地球引力场参数，可以精确地测量出目标的地理坐标、空间、大小和形状。如果有了各种打击目标的准确地理位置，就能提高战略和战术武器的命中精度。

　　测绘卫星还可以测量出地壳的漂移情况，可以为地震预报提供依据。

　　测绘卫星通过对卫星轨道摄动的测定，还能推算出地球的大小、形状和地球重力场分布等。测绘卫星能测量出地球重力场的精确分布。在导弹的命中精度和人造卫星的轨道计算中，经常需要用到地球重力场的精确数据。

　　从地面测绘到航空测绘，从航空测绘到卫星测绘，人类大大扩展了眼界。测绘卫星能测量地面、地下、海洋、海底、天空和太空，甚至测绘地球大小、速度和重力的微妙变化，为地球绘制一幅数字化地图。

　　战争和航天更需要测绘卫星大展身手。测绘也是一种力量。

测定各种距离。

"地理星"的主要目标是提供海洋重力场信息。"地理星"能测量海洋下面，如海山创造的引力，海沟创造的低重力区等特征；能观测重力的空间变化

⬆ "地理星"测绘卫星

以及对海洋表面的影响，从而测量出大地水准面的空间结构。卫星测量水面以上到地球中心的位置，观察大地水准面和重力场，就可以通过逆运算的方法，计算出海洋重力场信息。

1985年3月13日，"地理星"搭乘"宇宙神"火箭，从范登堡空军基地发射升空。它运行在近地点757千米，远地点814千米，轨道倾角108°，轨道周期100.6分钟的轨道上。

"地理星"执行过各种大地测绘任务，测绘了海洋表面和变化。它发现水流、潮汐和风力都造成了水位的变化。海啸和飓风潮等极端事件，也能造成水位的变化。截至2013年12月9日，"地理星"已在太空飞行了50 565圈，仍然死而不僵。

"小精灵"测绘卫星，真名"激光地球动力学卫星"。

⬆ "小精灵"测绘卫星

美国宇航局马歇尔太空飞行中心设计建造了"小精灵"测绘卫星，它就像钻石一样闪耀着光芒。它直径60厘米，质量411千克，表面覆盖着426个立方体角反射镜，其中4个由锗制成。反射镜用于红外测量、测绘反射率和卫星方位。

1976年5月4日，"小精灵-1"号测绘卫星从加州范登堡空军基地发射，运行在近地点5 837千米，远地点5 945千米，轨道倾角109.86°的南北极方向的轨道上。它是第一个专门用于高精度激光测距的测绘卫星，并第一次传输了激光测距数据。这些数据不会因卫星轨道或卫星阵列中的误差而变

⬆ "小精灵"卫星利用激光测绘地球

化，非常精准。

这颗卫星探测和测量地壳运动、区域应变、断层运动、极地运动、地球自转变化、地球潮汐、大陆漂移和其他地球物理运动的现象，以及与地球科学相关的其他运动学和动力学等。它在轨道上非常稳定，提供了永久参考点，精确地测量了地球物理运动的现象。"小精灵"还能评估地震和其影响。

"小精灵"利用高精度的激光测距数据，可以通过两种不同的技术来确定地球上各点的位置。这两种技术分别是：几何模式和轨道动力学模式。卫星成为最精确的位置参考，还能精确进行轨道测定，精度在 1~2 厘米。

"小精灵–2"号测绘卫星由意大利太空局建造，于 1992 年 10 月 22 日从肯尼迪航天中心发射。"小精灵–2"号刚刚升空一个多月，就碰上摩加迪沙机场的难题。这次，它大展宏图，精准测绘，让人们看到科技的力量。

 # 4.3 "恢复希望"行动

根据测绘卫星、导航卫星、照相侦察卫星的资料，美国国防测绘局精确计算出摩加迪沙国际机场跑道的各项数据：地理坐标北纬 2°00′49″，东经 45°18′17″，海拔 9.174 米；跑道长度为 3 322.32 米，宽度 50.24 米。测绘卫星、侦察卫星还汇总了跑道上的路障、机场方向、油库、航站楼、塔台的位置等详细参数，候机大楼外观及内部布局等。

测绘卫星还完成了不该自己完成的任务：完美地测绘了防空火炮、雷达、坦克及兵力的配置等。美国空军据此知道了精确到小数点后两位的跑道长度数据，巧妙设计了在半条跑道空降的方案和进场要领等。

1992 年 12 月 8 日凌晨，在第 15 海军陆战队远征队的掩护下，美国陆军特种作战司令部第 4 心理作战中队在摩加迪沙撒播传单：亲爱的索马里朋友们，联合国维和部队即将进驻索马里，带来粮食和药品。请不要袭击联合国维和部队，否则格杀勿论！

卫星照片：摩加迪沙市区

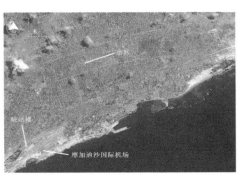

卫星照片：摩加迪沙国际机场

C-130"大力神"运输机突降机场。

美军特遣队分为：空降作战部队、空中支援部队、海面作战部队和地面作战部队。美军特遣队在陆海空同时发动突袭。

1992年12月9日凌晨，美军开始强占摩加迪沙国际机场的行动。

美国空军特遣队几架C-130"大力神"运输机，满载美国海军陆战队第9陆战队第2营和联合国救援食品，趁黑夜悄悄潜入索马里。飞行员憋着一口气，精准驾驶，闯入摩加迪沙国际机场，对准半个跑道。

在没有机场塔台的指挥，只依靠测绘卫星、侦察卫星和导航卫星数据的情况下，第一架C-130"大力神"运输机突然在摩加迪沙国际机场下降、滑行，躲避路障。最后，飞机在机场尽头的边线戛然停住。飞行员长长舒了一口气。

这次完美的空降作战行动，测绘卫星起到关键作用。

索马里土皇帝——穆罕默德·法拉赫·艾迪德将军很狂妄，叫嚣要活捉几个美国大兵。当空降作战部队的战机空降摩加迪沙，索马里战士看见美国海军陆战队端着枪，从飞机里钻出来，都吓破了胆。这些平时杀人越货的歹徒纷纷扔下坦克、装甲车和高射炮，胡乱开了几枪，就逃之夭夭。

美国海军第 9 海军陆战队第 2 营从飞机里蜂拥而出，立刻开火。子弹如暴风骤雨般射向歹徒们。陆战队员们同时突袭了摩加迪沙国际机场和摩加迪沙市区，为更多部队进驻赢得了立足点。

空中支援部队进展很顺利。当 C-130 运输机降落在摩加迪沙机场的同时，美国海军陆战队直升机马上空降，占领机场。

美国海军陆战队第 267 攻击直升机中队，飞行 AH-1 "眼镜蛇" 攻击直升机和 UH-1Y "休伊" 直升机。他们从空中闯入机场，俯瞰战场，从空中打击反抗的索马里士兵，保护大部队的着陆行动。

美国海军陆战队第 466 重型直升机中队飞行的 CH-53E "超级种马" 运输直升机，是个大力士，能吊起榴弹炮、轻型坦克和装甲车，直接送到战场。这时，它从空中运送两栖突击装甲车，占领整个摩加迪沙机场，并向摩加迪沙市区挺进。

🔊 AH-1 "眼镜蛇" 攻击直升机

🔊 CH-53E "超级种马" 运输直升机

美国海军陆战队第 363 重型直升机中队，飞行 V-22 "鱼鹰" 侧旋翼直升机。美国海军陆战队第 164 倾转旋翼直升机中队，飞行 MV-22B "鱼鹰" 侧旋翼突击运输直升机。他们负责空中侦察和运送各种武器弹药。

测绘和信息比作战更重要！

美国国家侦察局的各种侦察卫星 24 小时侦察索马里，尤其是摩加迪沙的情报。美国国防测绘局每小时发送一次地理信息和卫星地图。美国中央司令部和美军特遣队每小时发送一次作战地图。在卫星地图和作战地图的指引下，作

战行动非常顺利。

印度海军陆战队同时空降拜多阿机场和巴尔代雷机场。当一大帮印度海军陆战队官兵冲进机场，索马里民兵都傻眼了。比利时特种部队在港口城市——基斯马尤进行两栖登陆。武装气垫船突袭，没费一枪一弹，就占领了港口与市区。

海面作战部队也很顺利。12月9日凌晨，美国海军"的黎波里"号两栖攻击舰、"朱诺"号两栖运输舰和"拉什莫尔山"号船坞登陆舰开进摩加迪沙海岸。美国海军第15海军陆战队远征队两栖攻击，占领了摩加迪沙港。

机场安全了！

🔺 "朱诺"号两栖运输舰

🔺 "拉什莫尔山"号船坞登陆舰

工程兵立刻清理机场和跑道。一小时后，大批飞机纷纷降落，源源不断地运送部队和救援物资。美国海军第1海洋师空中应急营、第7海军陆战队第1营和第11海军陆战队第3营，一下飞机就冲向整个索马里。

1992年12月9日，美国海军陆战队特遣队队员，冲上索马里各个机场和海滩，迅速占领了各个战术要地。

从 1992 年 12 月到 1995 年底，联合国"统一特遣队"大约派遣了 3.8 万部队进行了军事干预，向饱受战争蹂躏的索马里提供救济，结束了一场重大饥荒，恢复了和平。索马里老百姓的日子稍微安稳了一些。

美国总统乔治·布什访问索马里时，欣喜地看到美军特遣队为支持"恢复希望"行动所做的努力，并予以赞扬。

4.4 摩加迪沙之战

"别打了！别再打了！"

联合国以发给粮食和救济为条件，提出和平和宽容的主张，让索马里各派回到谈判桌前，试图结束内战。

1993 年 3 月 27 日，在索马里民族和解会议上，各派签署了一个停战协定。由于内战还在继续，这次会议等于白开了。

土皇帝穆罕默德·法拉赫·艾迪德仍然放肆地挑衅联合国：等联合国发给粮食和物资后，招兵买马，再大战一场。如果给少了，他就将联合国维和部队赶出去！

此后，暴力升级。1993 年 8 月 8日，艾迪德的民兵引爆了一颗遥控军用炸弹，炸死了 4 名维和部队士兵。两周后，又一颗炸弹炸伤了 7 人。9 月25 日，艾迪德的民兵用反坦克火箭筒击落了一架"黑鹰"直升机，并在摩加迪沙附近的新港口杀死了 3 名机组人员。

🔘 索马里民兵

为了尽快结束这种乱局，美国特种作战司令部制定了一个抓获土皇帝穆罕默德·法拉赫·艾迪德的计划——"邪灵蛇"行动，由美军特种作战部队执行。

"邪灵蛇"行动是特种作战，抓捕首恶。美国总统克林顿批准建立了一支由400名美军陆军特种兵组成的特种部队，另一支特遣队由160名精英组成。他们飞往索马里摩加迪沙。1993年8月22日，在美国陆军指挥官威廉·加里森少将的指挥下，特遣队部署到索马里。

1993年10月2日，威廉·加里森少将接到密报：现在，艾迪德的财务总管欧马·沙朗和发言人蒙哈米·艾瓦进入了摩加迪沙的奥林匹克大酒店。

10月3日下午，加里森少将命令执行逮捕艾迪德两名高官的军事行动，代号"和平女神"。

行动部队由第75游骑兵团第3营2连、三角洲特种部队第1特战支队第3中队、海豹突击队6队、第160特种作战航空团，以及空军第24特种作战中队救援人员和战斗控制员组成。

他们乘坐7辆"悍马"战斗车、2辆"悍马"货车和3辆5吨卡车，突袭摩加迪沙市中心的奥林匹克大酒店。第160特种作战航空团出动16架MH-60"黑鹰"攻击直升机和MH-6"小鸟"攻击直升机，提供空中掩护和攻击。

下午3时32分，特种作战开始！美军几架"黑鹰"直升机从机场起飞。特遣队、第75游骑兵团和三角洲特种部队的士兵，以迅雷不及掩耳之势，降落在摩加迪沙市区的街道上。

特战士兵冲进酒店，抓获了艾迪德手下的2名高官在内的24名歹徒。

当美军想撤退时，大批艾迪德的民兵赶来了，猛烈开火。民兵们用大喇叭向索马里人广播："大家赶快出来，为你的家园战斗吧！"

突然之间，四面八方出现了成千上万的索马里人。他们拿着棍棒、菜刀，大喊大叫，又唤来更多人。有的人端着AK-47突击步枪，朝美军扫

🔊 美国陆军三角洲特种部队进入摩加迪沙市区

射；有的背着反坦克火箭筒，瞄准了美军和直升机。

在激战中，美军的几名士兵受伤了。指挥官大喊："车队分成两批，直升机空中掩护，赶快撤离！"索马里人越来越多，群情激奋，从不同方向攻击美军。"黑鹰"直升机从空中猛烈扫射，许多人倒在血泊中。索马里民兵真的不怕死，一个人倒下了，另一个人马上捡起枪支，拼命开火。

"咚——咣！"一支反坦克火箭筒发射了火箭，击中了一架"黑鹰"直升机，并很快坠落。为了解救幸存的"黑鹰"直升机战友，特战部队车队在一架"超级-64"搜救直升机的引导下快速行进。美军增援部队赶往直升机坠落地点，拯救美军伤员和士兵，但非常艰难。反坦克火箭筒不断发射火箭。突然，美军又一架"黑鹰"直升机被击落，一架"超级-64"搜救直升机被击伤。

一辆大卡车正在枪林弹雨中等待士兵们上车。"咣、咣、咣！"许多火箭朝着大卡车发射，一会儿大卡车被打成了碎片。许多特种部队士兵战死了。美军的作战计划，被大批摩加迪沙人参战打乱了。

"报告，我们损失惨重！请求紧急支援！"

美军特战队员被困在摩加迪沙那些破烂的街道中，或躲在车里，遭到索马里人的四面围攻。

美国陆军三角洲特种部队开着"悍马"车在大街小巷东奔西突，就是找不到要解救的直升机战友和被围困的士兵。他们陷入了进退两难的境地，被分割包围在各个地方，被那些武装分子枪杀、砍头。

三角洲特种部队的2名狙击手兰迪·舒哈特和加利·哥顿，自愿前往救助"超级-64"直升机坠机的机组人

🔊 "黑鹰"坠落

武装分子拉着美军尸体在大街上游街示众。第二天，这个事件通过电视在全世界播放，不光震撼了美国民众，也震撼了其他国家的人。这是越战以后美军最为惨重的失败和羞耻。1999年3月，美国作家马克·博登出版了《黑鹰坠落：一个现代战争的故事》。不久，一部纪录电影《黑鹰坠落》公映，重现那残酷和激烈的一幕。

员。他俩被 1 000 多名索马里民兵包围，最终子弹打完，壮烈牺牲。

美军不得不又派出第 10 山地师等部队，营救被围困的特种部队队员。

经过一晚惨烈的战斗，美军 19 人战死，73 人受伤，被俘 1 名，2 架 "黑鹰" 直升机被击落、3 架其他直升机被击伤，几辆卡车和 "悍马" 车被击毁。艾迪德方面约 500 人死亡，近 3 000 人受伤，被俘 24 人，包括 2 名高官。

高精尖的武器需要高精尖的脑袋。虽然特种部队武器精良，但车队就在距离目标只有一个街区的路上，开过来又开过去，就是找不到目标，贻误战机！

一样的摩加迪沙，一样的特种作战，为什么这次输得这样惨？美国人一致痛骂指挥无能，贻误战机！

路程的距离可以很远，但科技的距离应该很近。如果当时在测绘卫星、导航卫星的指导下，战果一定不一样。

4.5 最悲伤的一天

🔺 胆小怕事、心胸狭窄的翻车鱼

在地球大部分温带、热带海洋，可以看到一种体形奇特的鱼——翻车鱼。它们一天到晚嘟着嘴巴，慢吞吞挺着肚子，似乎永远在生气诅咒着；它们的身体好像被人用刀狠狠砍去了一半；退化的尾鳍没有多大用场，但浪漫地摇着。

翻车鱼小的时候是大鱼们的点心，长大以后最长可长到 4 米多，又将别的鱼类当点心。据说，翻车鱼胆子很小，很会生闷气，气愤过头就会精神崩溃，自杀身亡。

为什么翻车鱼喜欢翻躺在水面上？因为它们喜欢晒太阳。翻车鱼的名字由此而来，引申后也常用来形容翻车、打击和击毙。

印度，原号称世界上最大的民主国家。1947 年，印度和巴基斯坦分为两个国家。巴基斯坦又分为东巴基斯坦和西巴基斯坦，中间隔着整个印度，相距约 2 000 千米。1969 年，巴陆军上将叶海亚·汗利用军队夺得总统宝座，担任巴基斯坦第三任总统。

他大权独揽，实行铁血政策，没有给百姓带来好处，街头难民越来越多。1970 年，巴基斯坦民主大选，东巴人民联盟领袖谢赫·穆吉布·拉赫曼获胜。叶海亚·汗发怒了。他不承认民选总统，并动用武力，杀害 30 万孟加拉族人，激起民愤，1 000 多万孟加拉族人逃往印度。

1971 年 3 月 26 日，东巴基斯坦人民宣布独立（1972 年 1 月，正式成立了孟加拉国）。11 月 21 日，在苏联的支持下，印度出兵东巴基斯坦。12 月 3 日，叶海亚·汗不宣而战，突然偷袭了印度 11 座空军基地。印度与巴基斯坦爆发了第三次战争。

1971 年 11 月 21 日，巴基斯坦海军派遣 "翰果" 号潜艇，到遥远的孟加拉湾海域巡航狩猎，代号 "翻车鱼" 行动。"翰果" 号潜艇艇长艾哈迈德·塔斯

在第三次印巴战争中，印度大获全胜。巴基斯坦损失 56% 的人口和最富饶的国土，痛失东巴基斯坦，损兵折将近 10 万，海军主力几乎被印度海军消灭。叶海亚·汗成为西巴基斯坦的罪人，也成为东巴基斯坦的罪人。巴基斯坦人民党创始人阿里·布托出任总统，并恢复民主制度，关押了叶海亚·汗。从此，巴基斯坦与印度结下死仇。

"翰果" 号绰号 "大鲨鱼"，是一艘法国造 "达芙妮" 级柴电常规潜艇，属于当时世界上最先进的常规潜艇。它长度 57.75 米，柴油发电机推进；潜航速度 15 千米/时，水面速度 22.2 千米/时；最大航程 2 万千米，可在水下航行 30 天，潜航深度 300 米。"翰果" 号装载了 12 个 550 毫米鱼雷发射管，艇艏 8 个，艇艉 4 个，以及 12 枚鱼雷或导弹。

"翰果" 号潜艇准备出击

尼姆上尉带领海军官兵，冒着被击沉的危险驶向大洋。

当日凌晨，"翰果"号来到印度卡提瓦半岛海岸附近悄悄下潜。12月2日午夜，"翰果"号

巴基斯坦海军"翰果"号潜艇与艇长艾哈迈德·塔斯尼姆

的声呐发现了几艘印度军舰，距离 10~13 千米。3 日晨，"翰果"号潜伏在深海，发现印度海军西部舰队的巡洋舰。由于印度海军的舰艇较多，"翰果"号无线电静默，中断通信，继续潜伏。

当印度海军舰队开过去后，"翰果"号立即向巴基斯坦首都卡拉奇报警："报告总部，印度舰队驶往巴基斯坦的卡拉奇海岸附近，可能发动攻击。"

这些通信信号被印度海军侦测发现："报告司令，水下有潜艇！"

12 月 3 日，印度海军西部海军司令部从孟买港派出两艘反潜护卫舰："库克里"号和"吉尔潘"号。

"库克里"号舰长马亨德拉·纳特·穆拉上校，曾在英国海军受训，是位反潜专家。现在，他正指挥的这两艘反潜护卫舰都是英国制造的老式护卫舰，各载有官兵 260 多人。原来，它用于反潜苏联潜艇，只能探测、测量、攻击有限范围内的潜艇。当时，印度海军没有专业的大型反潜作战飞机，只能靠战舰自己侦察，猎杀潜艇。

印度海军"库克里"号反潜护卫舰与舰长穆拉上校

潜艇在哪儿？几架"海王"直升机在南部搜索，两艘护卫舰在北部探测。

12月7日，"翰果"号潜伏到印度西海岸第乌军港西南大约60千米，北纬20°42′10″，东经70°58′37″海域。12月9日19时45分，"翰果"号声呐系统突然发现两艘印度护卫舰到来。这两艘探测系统落后的印度护卫舰正在拉网搜索，竟没有发现敌人就在脚下。

19时57分，在距印度第乌港大约64千米处，"翰果"号艇长艾哈迈德·塔斯尼姆命令发射第一枚鱼雷，攻击"吉尔潘"号。鱼雷贴着海面飞驰而去，但没有听到爆炸声。当时，艾哈迈德艇长纳闷儿了，推测"吉尔潘"号可能发现了攻击，以最快速度转身。看来鱼雷错过了目标。

那就攻击另一艘军舰！"翰果"号潜艇鱼雷军官卡哈上尉下令：三枚鱼雷瞄准"库克里"号，准备发射！测绘官兵操作测量仪器，精确地计算方位、距离、角度和速度。一切准备完毕！"发射！发射！发射！"

鱼雷们乘风破浪、极速前进，在海面上激起一阵白花花的波浪。"鱼雷！鱼雷来袭！""库克里"号发现了鱼雷。舰长穆拉上校命令紧急回避，但来不及了，一枚鱼雷正巧击中"库克里"号的弹药库，引起大爆炸。

很快，"库克里"号沉没，共有18名军官和176名水兵，共194名官兵葬身海底，76人被救起。45岁的"库克里"号舰长穆拉上校，挺立在舰艏。当"库克里"号快要沉没时，军官们将救生衣给舰长，穆拉上校却把救生衣扔给士兵，并把两名上尉推出了战舰。穆拉舰长说："你们先走！不要为我担心。"上尉们开始游向远处，回头看见了震撼的一幕：穆拉舰长嘴里叼着一支雪茄，双手紧握战舰栏杆，昂首挺胸与战舰一起沉没。

这时，"吉尔潘"号护卫舰目睹"库克里"号爆炸和下沉，迅速反应，对潜艇发起攻击。由于没有精确的测量系统，不知道潜艇的准确方位，只能向潜艇大概位置投掷深水炸弹，发射鱼雷。深水炸弹一枚又一枚地抛向海中，"翰果"号潜艇被震得东倒西歪。

"翰果"号紧急下潜。

鱼雷对准"库克里"号，即将发射

按一般战斗规则，潜艇受到攻击应该迅速逃离战场。"翰果"号艇长艾哈迈德却下令："趁乱攻击，再打沉一艘！"

"翰果"号鱼雷军官卡哈上尉立即将鱼雷锁定"吉尔潘"号的舰舷——发射！

鱼雷扑向"吉尔潘"号。"吉尔潘"号迅速躲避，加大速度逃避，成功地避开了鱼雷，并投下大批深水炸弹。这时，战机已失，"翰果"号果断转向西方，潜入更深的海域，溜之大吉。

印度海军的驱逐舰、护卫舰以及反潜飞机立即出动，在整个海域展开全力而盲目的追杀。三天追杀中，印度战舰总共投掷了156枚深水炸弹，但没有伤到"翰果"号的一根毫毛。

🔊 "库克里"号爆炸后迅速沉没

将军们抱怨："糟糕！没有精确的海洋地图，没有精准的测绘仪器，没有先进的侦测技术，等于瞎子摸象。"

1971年12月13日晚，"翰果"号安全潜航回到巴基斯坦海军基地。"翰果"号官兵们受到巴基斯坦政府、人民和海军英雄般的欢迎，庆祝"翻车鱼"行动胜利。

"翰果"号创造了自第二次世界大战以来第一次猎杀战舰的纪录。"翰果"号艇长艾哈迈德成为巴基斯坦的民族英雄。

"库克里"号舰长马亨德拉·纳特·穆拉上校被追认为印度英雄。

"库克里"号反潜护卫舰居然在自己国家海域里被巴基斯坦潜艇击沉，也造成印度海军历史上最重大的战争伤亡，这件事震动了整个印度。

印度海军认为：这一天是印度有史以来最悲伤的一天。

🔊 "吉尔潘"号护卫舰发射鱼雷

如果印度拥有先进的探测、测量装备，专业精准的测绘和导航系统，没等"翰果"号潜艇进攻就会击沉它了。

如果印度拥有先进的反潜飞机、反潜舰艇，"翰果"号一定逃不掉。

如果印度拥有先进的潜艇，这次沉船的一定是巴基斯坦。

印度将军们痛心地抱怨："天上没有地图，海里没有地图，地下的地图也错误百出，想上吊竟找不到那棵树！先进的测量仪器、反潜机、反潜舰，还有核潜艇在哪儿？"

4.6 太空魔术

这次惨败，让印度深感：科技就是力量，精确才能成功。

印度前总理尼赫鲁曾经说过：印度不可能成为世界二流国家。印度历届政府都希望发射精确的地球观测卫星和专业的测绘卫星，监控印中边境、印巴边境和边境军事活动。

未来战争一定在太空打响。多年来，印度一直在抢占太空制高点。印度加强了卫星、国防和军事力量。卫星，特别是导航卫星、测绘卫星，确保太空力量。印度有可能成为美俄之后第三个成立太空军和太空司令部的国家。

为了防止最悲伤的一天重演，印度的地球观测卫星、测绘卫星、通信卫星，不论在数量上还是功能上都是亚太地区最强大的。印度希望下一次战争在地面上战胜对手，也在太空战胜对手。

自 1988 年 3 月 17 日至今，印度已经发射了近 30

🔵 印度"绘图-2B"号卫星内部

↑ "绘图-2B"号俯瞰地球

颗地球观测卫星，其中10多颗照相侦察卫星。2010年7月12日，印度太空研究组织在萨迪什·达万航天中心"一箭五星"发射成功。"一箭五星"中的"绘图-2B"号测绘卫星格外引人瞩目。

"绘图"测绘卫星，又称为"制图"测绘卫星。从结构、仪器、功能上看，它既是一种纯正的测绘和制图卫星，又是一种照相侦察卫星。到2019年，"绘图"卫星已经研制了三代，共计发射了13颗，1颗失败。

"绘图-2B"号是印度第二代测绘卫星。"绘图-2B"号测绘卫星呈六角形，卫星平台高2.5米，直径2.4米，质量694千克；装载了全色照相机等先进探测仪器，分辨率小于1米；设计寿命5年。4片太阳能帆板产生930瓦电力，推进剂质量64千克。

卫星星体采用碳纤维复合材料，姿态和轨道控制系统采用三轴稳定系统，指向精度为±0.05°，跟踪精度为0.01°，控制漂移的稳定性为0.0003°/秒。卫星装载了几种先进仪器：二轴单镜相机，碳纤维增强塑料电光学结构、质量很轻的大型反射镜，64GB固态记录仪，高转矩反作用轮，高性能传感器等。

"绘图-2B"号是一颗先进的高分辨率、多光谱成像地球遥感卫星。主镜片采用法国萨基姆公司的镜片。主镜片直径孔径700毫米，光谱频段

↑ 2017年2月18日，"绘图-2B"号测绘卫星拍摄的意大利北部布斯托阿西齐奥地区的全色影像，0.6米分辨率

2017 年 2 月 18 日，"绘图-2B"号卫星拍摄的印度孟买一角与米提河，多光谱彩色照片，1.6 米分辨率

2017 年 6 月 26 日，"绘图-2B"号卫星拍摄的卡塔尔首都多哈的彩色照片

0.5~0.85 微米，数据速率 105 兆比特/秒，全色地面分辨率 0.8 米，条带扫描宽度 9.7 千米。全色数码相机能拍摄地理照片、卫星云图，具有位置场景成像，画笔成像模式的能力。

"绘图-2B"号卫星用于地理测绘，管理印度的基础设施建设和城市规划，同样可以用于军事监控、测绘和制图，监测一些敏感地点和边境线，特别是与中国、巴基斯坦接壤地区。据印度卫星专家透露：卫星还搭载了电子情报系统，除了能够拦截和干扰敌人卫星外，还能够对敌人卫星进行监控。

2018 年 1 月 12 日，印度第二代第 7 颗测绘卫星——"绘图-2F"号卫星与 31 颗其他卫星一起发射升空。它装载了全色照相机和多光谱照相机等

2017 年 6 月 27 日，"绘图-2B"号卫星拍摄的巴基斯坦国赫里布尔的一个小村庄

2017 年 6 月 27 日，"绘图-2B"号卫星拍摄的阿联酋首都迪拜世界最高摩天大楼——哈利法塔

先进探测仪器。"绘图-2F"号卫星运行在近地点 530 千米，远地点 531 千米，倾角 97.9° 的太阳同步轨道上，轨道周期 97.4 分钟，重访时间 4 天，每天 9 时

2017 年 6 月 27 日，"绘图-2B"号卫星拍摄的印度比达里亚地区的多光谱图像

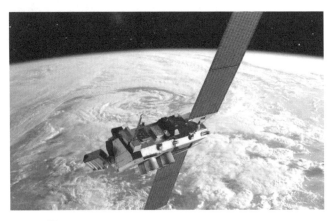

"绘图-3"号卫星，其地面分辨率处于世界第二位

30 分穿越赤道。

到 2019 年，印度的地球观测卫星、照相侦察卫星主要分为五个系列：地球资源卫星 5 颗、遥感卫星 13 颗、雷达成像卫星 7 颗、绘图卫星 13 颗和海洋卫星 3 颗，共发射了 40 多颗。

"绘图-3"号系列是印度第三代测绘卫星。它装载了全色、多光谱和高光谱照相机，可拍摄高清图像。"绘图-3"号卫星质量 1 650 千克，设计寿命 5 年。它在全色模式下，测绘扫描宽度 16 千米，地面分辨率为 0.25 米；4 频段多光谱模式下，测绘扫描宽度 16 千米，分辨率为 1.13 米；高光谱模式下，测绘扫描宽度 5 千米，分辨率为 12 米。它还有一架中波红外相机，分辨率为 5.7 米。

2019 年 11 月 27 日，"绘图-3"号发射成功，运行在 509 千米高、南北极方向的太阳同步轨道上。"绘图-3"号系列装载了一架大型望远镜，地面分辨率为 25 厘米。美国"锁眼-12"号分辨率为 10 厘米，号称"极限摄像"。"绘图-3"号是世界上地面分辨率第二高的地球观测卫星。这是一个了不起的成就。

印度国防部说："以前，我们只能看到一辆坦克。现在，我们能看见一个隐藏在草丛里的士兵。"

"绘图"卫星除了用于远程探测测绘印度城乡地区之外，同时还用于军事领域，监控印度边境和海岸线，以防别国侵犯领土。

近几年，印度军方用"绘图"卫星对巴基斯坦、克什米尔山谷地区、山脉进行了精确测绘，绘制了精细地图，甚至包括每一块石头和每一条小道。

当恐怖分子从巴基斯坦穿越边境偷渡进入印度时，印军多次埋伏，迎面击毙恐怖分子。

测绘，确实是一种力量！

4.7 妙手飞侠

中国国土面积 9 634 057 平方千米，领海面积大约 470 万平方千米，大陆海岸线 1.8 万多千米，岛屿岸线 1.4 万多千米，还有辽阔的内海和边海水域。中国海域分布大小岛屿 7 600 多座。中国陆地国土与 14 个国家接壤，海洋国土与 8 个国家相邻。

中国需要多种地图，从天上看看美丽的祖国和世界到底什么样。为此，中国已经发射了"天绘"测绘卫星、"资源–3"号立体测图卫星等测绘卫星，可以描绘精确的地图。

"天绘"测绘卫星，又称"地图星"测绘卫星，属于军事测绘卫星。"天绘–1"号是中国第一代传输型立体测绘卫星，主要用于地图拍照、地图测绘、绘制地图、科学研究、国土资源普查等领域的科学试验任务。

"天绘–1"号测绘卫星采用 CAST2000 型卫星平台和三轴稳定方式。CAST2000 型卫星平台拥有高精度的控制能力、宽幅侧摆机动能力、灵活的轨道机动能力、高集成星务管理，以及高效的电力供应能力。这种卫星平台可安装地球观测卫星、技术试验卫星、科学探测卫星、地球环境探测卫星、气象卫星、通信卫星、导航卫星。

"天绘-1"号卫星

"天绘-1"号卫星号称"妙手飞侠",拥有很多高科技,功能强大。

"天绘-1"号卫星集成了数字照相机、2

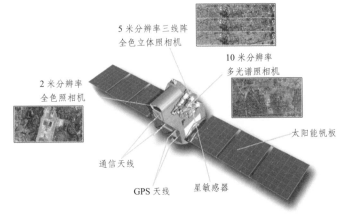

"天绘-1"号卫星的科学仪器

米高分辨率全色相机和多光谱相机等3类5台照相机。"天绘-1"号是当时中国最高的高分辨率遥感卫星,实现了中国测绘卫星从返回式胶片型到数字传输型的跨越式发展。

"天绘-1"号卫星的特点:具有全天候、全天时、全方位探测能力;不受地域和国家疆界的限制;可以在不同时间,对同一区域重复摄影,立体判读;视场宽阔、安全性强、稳定性高、不易受干扰。它能够连续提供更新数据,获取三维空间地理信息等。

卫星上的测绘光学平台装载线阵、高分辨率和多光谱三种照相机,具有摄影覆盖范围大、定位精度高、数据多样等优点。测绘光学平台将3台测绘照相机、3台星敏感器和1台多光谱相机集成为一体,具有高精度、高稳定度、高可靠性的特征。

高精度照相机由前视、正视和后视3台照相机组成。中分辨率照相机实现了蓝、绿、红和近红外4频段多光谱摄影。3台中等精度的星敏感器,满足了长期、高可靠、三轴高精度指

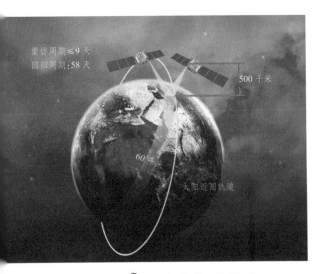

"天绘-1"号卫星的轨道

向等测绘任务。

"天绘-1"号卫星有三大本领：立体测绘、多光谱遥感和正射影像。它能获取立体影像，全球精确定位，测制地形图；又能获取蓝、绿、红、近红外 4 个频段多光谱影像，定量反演地物的物理属性，提高地图测制的完整性。"天绘-1"号卫星分辨率很高，可以获取 2 米全色影像，利用多光谱影像生成彩色影像，增强了对地物目标的详细、快速、准确判读能力。

"天绘-1"号卫星可测量每一滴水珠，每一块石头，每一棵小草，描绘一幅细致入微的地图。

2010 年 8 月 24 日，"长征-2D"运载火箭搭载第一颗"天绘"卫星——"天绘-1"号卫星，从酒泉卫星发射中心发射成功。卫星运行在高度 500 千米，轨道倾角 97.3°的圆形轨道上。它

2011年2月3日摄影　　2012年5月14日摄影

新停泊航母

🔺 "天绘-1"号卫星拍摄的美国布雷默顿海军基地

🔺 "天绘-1"号卫星拍摄的香港国际机场

的回归周期为 58 天，摄影宽度 60 千米，同一地区最短重访间隔 1 天，覆盖南北纬 80°之间，每天拍摄 150 万平方千米的面积。

到 2015 年 10 月 26 日，中国已经成功发射 3 颗"天绘"卫星，组成全球观测星座。"天绘"卫星星座能覆盖 59.35%地球陆地，约 8 843.2 万平方千米。中国陆地覆盖 97.2%，大约 933.3 万平方千米。

"天绘"卫星是一个大家族，人丁兴旺。它包括"天绘"光学测绘卫星、"天绘"微波测绘卫星、"天绘"重力测绘卫星、"天绘"磁力测绘卫星等 4 种 17 个型号，大约 50 余颗卫星。

2020 年开始，中国将择机发射"天绘"微波干涉测绘卫星、"天绘"光学测绘卫星和"天绘"微波成像卫星，以及"天绘"重力测绘卫星、"天绘"海洋测绘卫星。

在未来战争中，武器重要，精神更重要，科技最重要。测绘卫星不但测绘地理和空间，更测绘勇敢、严谨、意志，丈量胆略和科技，甚至决定战争的胜败和未来。

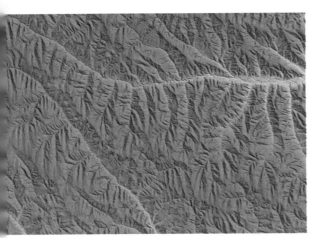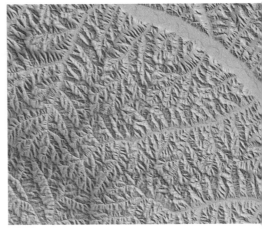

⬆ "天绘-1"号卫星多光谱图像清晰准确地展示了黄土高原上较为破碎地区的微细地貌

第5章 死亡通知单

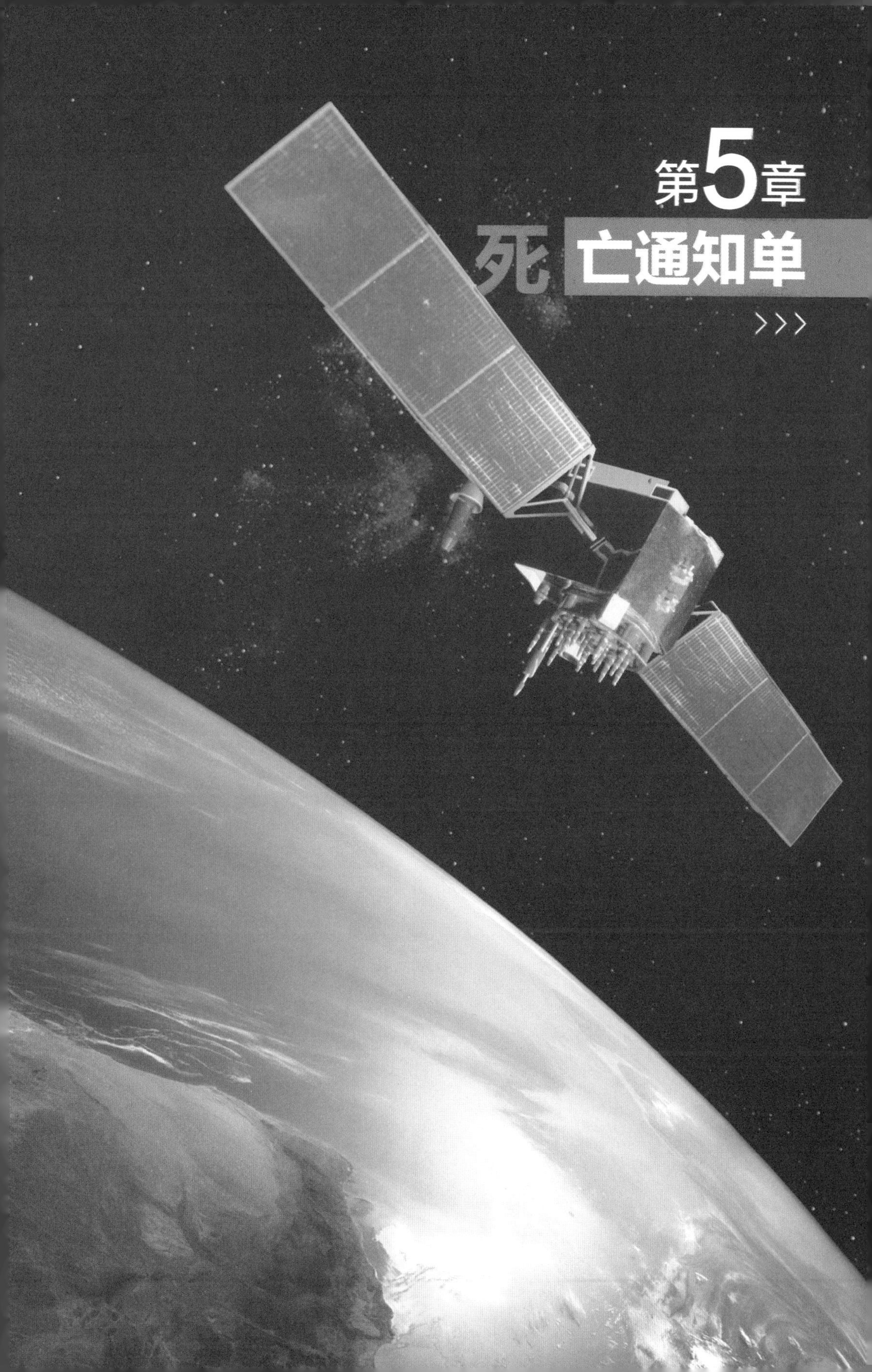

怎样探测植物的思维？怎样倾听动物的语言？怎样看见不一样的声音？怎样聆听五彩缤纷的色彩？怎样抚摸优雅的地球重力？怎样让手机变成人体的新器官？怎样将可视化软件渗入敌人的大脑？怎样把卫星、战机、坦克、军舰化为无形？怎样让电玩游戏变为真实的太空作战？

5.1 盾牌与哨兵

冷战，越来越激烈，火药味越来越浓！苏联、美国都咬牙切齿，发飙了！

理智终究要战胜邪恶。1972 年 5 月，苏美签订了《反弹道导弹条约》，共同限制核武器竞赛。根据《条约》，苏美只能在首都周围或者一个洲际导弹发射基地附近，建立一套拦截导弹的反导弹系统；不准在陆地、海洋、天空、太空再研制、试验和部署新的反导弹系统。

反导系统，又称为反制导弹系统，是拦截、摧毁敌人的中程导弹、远程导弹、洲际导弹和巡航导弹的武器系统。反导系统主要包括预警雷达、地面引导雷达、指挥控制中心和拦截武器等。

根据反导方式，反导系统又分为：陆基、海基、空基和天基，也就是在陆地、海洋、天空和太空反导。目前，反导弹武器主要为导弹，用导弹打导弹。反导导弹，又称为拦截导弹。未

🔘 反导系统：导弹打爆来袭的导弹

来，激光炮、粒子束等新型反导武器将闪亮登场。它们可以非常精准、悄无声息地摧毁导弹。

在各种导弹中，最恐怖的是洲际导弹。洲际导弹的弹头几乎都是核武器，射程几乎达到半个地球。在反导系统中，最重要的是雷达。最先进的雷达是号称"超视距"的预警雷达——相控阵雷达。

什么是相控阵雷达呢？

相控阵雷达采用仿生技术，仿真蜻蜓等昆虫的复眼，不用转动天线，就能环视最大方向或者 360°扫描。它有成千上万个小"瞳孔"——电子眼，排成横竖整齐的阵列，环视不同方向，组成几十甚至上百个大"眼睛"。这个大"眼睛"，称为相控阵雷达。

相控阵雷达的优点是：多功能、速度快、扫描灵活、功能强大、多目标追踪、抗干扰能力极强。它可以安装在地面、战车、战机、舰艇和卫星上，应用广泛。相控阵雷达被誉为"导弹杀手""反导盾牌""反导哨兵"等。

🔵 美国"铺路爪"相控阵雷达，最大探测距离5 500多千米

⬆ 俄罗斯"米格-35"战斗机头部的相控阵雷达

⬆ 美国"圣安东尼奥"两栖登陆舰上的相控阵雷达

美国和苏联都想到：既然只能建设一套反导系统，那就提高反导系统的功能，用科技突破限制。美国和苏联都极力研制、建造超视距反导雷达，以保护自己的祖国免受导弹袭击。美国选择在北达科他州建造超视距反导雷达。苏联选择在莫斯科附近建造超视距反导雷达。

1975年，苏联总设计师巴斯斯托夫开始设计研制"顿河–2N"雷达。1990年，这种最先进的雷达完成测试；1996年，开始战备值班。如果与指挥和控制中心失联或中断联络，"顿河–2N"雷达可以自主作战。

"顿河–2N"相控阵雷达，简称"顿河"，又称为"盾牌"，属于战略导弹预警雷达。它外观呈半金字塔状，4个侧面安装了4台相控阵雷达。"顿河"号称多功能、超视距雷达，属于早期预警、导弹防御、太空监视雷达。它每个侧面底边长约152.4米，上边长90米，高度36.6米。

"顿河"共消耗3.2万吨金属、5万吨水泥、20吨缆线、数百千米长管材，以及1万多个阀门。因为需要大量的水给设备降温，雷达站院内有5个湖泊和水库。雷达站正门、院内、主路上还修建有防化墙。

这座雷达4个侧面都安装一个直径18米的大孔径相控阵天线，发射超高频频段信号。它由"布鲁斯–2"超级计算机控制。"顿河"雷达配备了6万台散热器。它属于有源相控阵天线，拥有环视厘米波的功能，能精准跟踪太空碎片和太空目标，识别真伪目标。

"顿河"雷达真正的用途是：监测太空目标和洲际导弹。

🎧 "顿河"预警雷达远观

🎧 "顿河"预警雷达：超视距、多功能、精度高，可自主作战

"顿河"雷达拥有多种功能。它可对大气层外和大气层内的目标进行探测和跟踪。"顿河"能搜寻、筛选，并锁定大气层内外的洲际导弹和目标。它为反导系统指示目标，引导反导导弹攻击来袭之敌。雷达还能发出错误的信号，干扰敌方飞机或导弹飞行。

"顿河"雷达的功能强大。它的超视距覆盖范围360°，垂直视距4万千米，水平视距3 700千米，距离精度

美国照相侦察卫星拍摄的"顿河"超视距雷达

约为10米，角度和方位精度为0.02°~0.04°，可探测直径5厘米的目标。雷达最多能同时追踪120个目标，最少预警时间9分钟。它最多可同时反制20枚近程导弹和16枚远程导弹。

"顿河"雷达的意义重大。它自1996年进入战略值班，20多年来一直不间断地工作。"顿河"扫描覆盖北大西洋至巴伦支海，预警来自美国和北约的洲际导弹。根据设计，"顿河"雷达的使用寿命至少应该30年。

"顿河"雷达至今没有碰到对手。雷达站站长常常警醒手下："小子们！你们的手是不是很痒痒，至今没有碰到对手？这是好事情，说明没有导弹来袭。如果发生战争，我们将是第一个遭受攻击的目标，为国捐躯。我们每一秒钟都要绷紧神经，不是化为一堆骨灰，就是迎接明天的太阳！"

"顿河"多功能雷达是苏/俄反导系统的关键部分。"顿河"号称苏联国

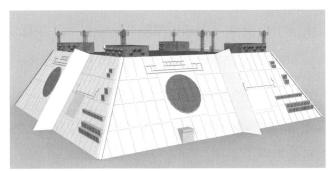

"顿河"雷达结构图

"顿河"雷达内部

土防空的"最后盾牌"。因为"顿河"雷达四四方方，北约将它戏称为"药盒"。

苏联的"顿河"预警雷达建设的同时，A-135反导系统也抓紧研制。A-135反导系统号称"反导先锋"。它是一个庞大的反战略导弹系统，专门反击和摧毁美国、北约、英国等的洲际导弹。

A-135反导系统由一个指挥中心，一座"顿河-2N"多功能雷达，以及100枚拦截导弹组成。A-135反导系统发射两种拦截导弹："蛇发女妖"拦截弹和"瞪羚"拦截弹。

"蛇发女妖"拦截弹，苏/俄代号"51T6"，北约代号"SH-11"。它是一种大气层外拦截弹，属于三级固体燃料导弹。"蛇发女妖"导弹高度19.8米，直径2.57米，发射质量约30吨；弹头装载一颗超过100万吨TNT当量的氢弹；速度达到大约17马赫，20826千米/时，5.7849千米/秒；射程300~400千米，在大气层外摧毁洲际导弹。

"瞪羚"拦截弹，苏/俄代号"53T6"，北约代号"SH-08"。它是一种大气层内拦截弹，属于二级固体燃料导弹。"瞪羚"导弹高度10米，直径1米，发射质量10吨；弹头装载一颗AA-84型战术热核弹头，1万吨TNT当量；速度大约3千米/时。"瞪羚"导弹发射后能在高度80千米处拦截进入大气层的洲际导弹。

20世纪80年代中后期，苏联在莫斯科郊区普希金市苏福利诺镇的导弹基地部署了"蛇发女妖"拦截弹。苏联正在欢庆这一成功的时候，苏联解体了。苏联没了，俄罗斯接收了反导系统。1995年，"瞪羚"拦截弹进入战略值班。这时，A-135反导系统开始全面进入战略值班。

A-135反导系统主要以地下发射井的方式发射拦截导弹。俄罗斯在4个发射基地部署"蛇发女妖"拦截弹。每个发射基地部署8个发射井，共隐藏36枚"蛇发女妖"导弹。俄罗斯在5个发射基地部署"瞪羚"发射井。每座发射基地部署12枚或16枚"瞪羚"导弹，共计64枚导弹。

平时，这些拦截导弹藏在发射井内。一旦洲际导弹来袭，它们就立刻升空，逼近目标。当核弹头空中爆炸，能消灭任何洲际导弹。"蛇发女妖"导弹还很邪恶，可以摧毁近地轨道的卫星。

现在，A-135反导系统仍然是世界上唯一一种战略反弹道导弹系统。它

⬆ "蛇发女妖"导弹

⬆ "瞪羚"反导导弹

由俄罗斯航天军防空导弹防御司令部第9防空导弹军管辖。第9防空导弹军军长站在"瞪羚"导弹上说:"'瞪羚'从不吃草,喜欢吃'肉'。如有来犯之敌,它就会被'瞪羚'瞬间打爆头。"

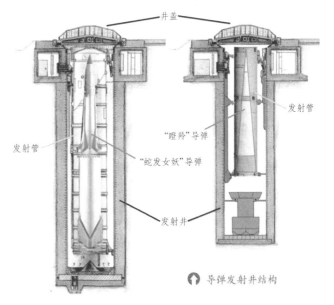

井盖

发射管

"瞪羚"导弹

"蛇发女妖"导弹

发射管

发射井

⬆ 导弹发射井结构

美国也有自己的反导雷达、超视距雷达——"哨兵"环形搜索雷达。它位于北达科他州卡瓦利尔空军基地,在美国西北端。"哨兵"雷达可以从这里看见飞越北极和北方的苏联洲际导弹。

"哨兵"环形搜索雷达,是一种强大的相控阵雷达,由美国通用电气公司建造。它是一个单面体雷达,朝向北面。"哨兵"高达37米,由6 888个"复眼"组成相控阵雷达。"哨兵"雷达有一座5台发电机的地下发电站,总输出功率为14兆瓦,昼夜不停地提供电力。一台巨大的计算机管理整座雷达,可以预警3 200千米范围内的洲际导弹。

美国空军第21太空联队第10太空预警中队官兵们几乎都生活在装有雷达的地下,24小时轮班工作。他们随时将导弹预警数据和评估信息,发送到位

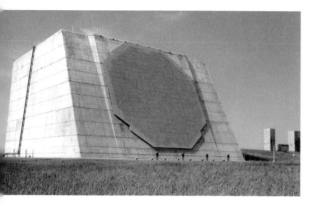

"哨兵"相控阵雷达近观

"哨兵"相控阵雷达：环形搜索天空

于科罗拉多州夏延山的北美防空司令部的导弹预警中心。北美防空司令部司令经常警示他们：睁大眼，晚上睡觉都要睁只眼！第10太空预警中队的座右铭是：时刻准备着！

这玩意儿到底有多强呢？"哨兵"雷达建造完成后，第10太空预警中队的官兵用雷达扫描太空，第一次就成功地跟踪了一颗小卫星和一颗通信卫星。

最初，"哨兵"可以环形搜索高度3 300千米处一个24厘米大小的物体。后来，"哨兵"经过多次升级改造，分辨率增强到小于9厘米，可以搜索大约网球大小的物体。绝大多数卫星都飞行在高度3 300千米以内的低轨道和中轨道；洲际导弹一般高度几百千米，飞得更低一些，也会看得更清楚一点儿。

"哨兵"是美国空军导弹预警和太空监视系统中第二个最强大的相控阵雷达系统。美国空军很自豪："它可以侦察、监视、跟踪、识别、预警和报告太空目标，每天分析超过2万个太空物体，从巨大的卫星到太空碎片。洲际导弹，更不在话下。"

美国还有一大把好牌——太空监视网络。它由十几座最先进的雷达组成太空监视网络。最著名的是"眼镜蛇"相控阵雷达。

"眼镜蛇"相控阵雷达是美国太空监视网络的雷达之一。它是一种被动电子扫描阵列，由美国雷声公司研制。"眼镜蛇"安装在阿拉斯加州谢米亚岛的艾瑞克森航空站。"眼镜蛇"相控阵雷达是一座单面天线雷达，直径29米，面对俄罗斯的堪察加半岛库拉导弹靶场。

当"眼镜蛇"相控阵雷达获得数据，首先发送到位于科罗拉多州北美防空

"眼镜蛇"相控阵雷达

"眼镜蛇"相控阵雷达的电子扫描阵列

司令部导弹预警中心和彼得森空军基地。美国宇航局太空碎片办公室和美国导弹防御局等，也是"眼镜蛇"相控阵雷达的东家之一。

在美国马萨诸塞州波士顿西北大约 45 千米的韦斯特福德，有一座磨石山天文台。

磨石山天文台拥有"干草堆"射电望远镜、"干草堆"雷达、"韦斯特福德"射电望远镜、磨石山雷达。

"干草堆"射电望远镜，又称远程成像雷达、超宽带卫星成像雷达。它直径 37 米，外面有一个直径 46 米的金属框架天线罩，保护抛物面天线。

"干草堆"雷达用于太空跟踪和通信，现在主要用于天文观测。它的灵敏度极高，允许跟踪和成像地球静止轨道上的卫星。它探测 4 万千米远的深空物体，分

"干草堆"射电望远镜

辨率为 25 厘米，能看清 3.6 万千米远的静止轨道卫星。它能在 1 000 千米范围内，观测直径为 1 厘米的物体。

"韦斯特福德"射电望远镜是一架 18 米直径的射电望远镜。天线被安置在 28.4 米的天线罩中，并具有调整俯仰角、方位角的功能。它主要用于大地甚长基线干涉测量。

俄罗斯的"顿河"雷达功能到底有多强呢？苏联人心里有底，美国人心里发毛。其实，美国的太空监视系统——美国太空监视网络比俄罗斯的数量更多，功能更强大。

美国太空监视网络检测、跟踪环绕地球运行的死亡卫星、火箭箭体、太空垃圾、太空碎片等人造物体，编辑成目录和标识。美国太空监视网络分为陆基、海基、空基和天基四大部分。

美国陆军、海军和空军在全球 25 个陆基站点，建造了陆基雷达和光学传感器。

美国太空监视网络，被称为"太空护栏"，由美国空军太空作战司令部第 21 太空联队指挥。

美国太空监视网络可跟踪 10 厘米直径、棒球大小的太空物体，监测太空深处 56 000 千米的太空物体，超出地球静止轨道高度。光学望远镜能够分辨比人类眼睛看见的黑暗 10 000 倍的太空物体。每个太空监视站每天跟踪 9 900 个太空物体，定期跟踪大约 3 000 个太空物体。

俄罗斯的"顿河"雷达让美国如芒在背。于是，美国反导专家就巧设妙计，想测试一下"顿河"雷达，同时也比较一下美国"哨兵"雷达、"眼镜蛇"雷达、太空监视网络。

太空碎片

太空碎片，即太空垃圾。它们包括火箭残骸、报废卫星、宇航员丢弃的垃圾，火箭和航天器爆炸、碰撞产生的碎片等。

1957 年 10 月 4 日，苏联第一次发射"卫星-1"号卫星，就开始产生太空垃圾。到 2019 年，人类已经发射了 1 万多个各种航天器，产生了 1 亿多块太空垃圾。低轨道的太空垃圾会在几十年内坠落进入大气层，燃烧成灰烬；高轨道的太空垃圾会环绕地球飞行数百年。

太空垃圾大的像房子，小的像米粒，但都以 7.8 千米/秒的速度飞行，撞击力非常大。它们可以击穿卫星和空间站，危害到航天器和太空飞行。

科学家研制了类似扫把、磁铁、粘贴纸、吸尘器、抓斗、网兜和机器人卫星，清除太空垃圾，但收效甚微。

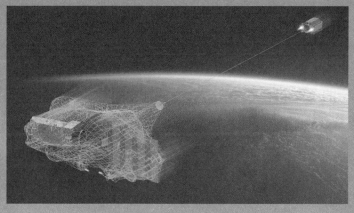

网兜卫星清除太空垃圾

5.2 超视距探测

一场空手套白狼的演出开始了!

"太空中那么多太空垃圾,十分危险。"美国与俄罗斯套近乎,"咱们用超视距雷达举行一次发现微小太空物体的实验,验证一下探测极限,为将来清除、躲避太空碎片打下基础。请问,可不可以?"

谁也想不到,俄罗斯国防部将计就计,非常慷慨和豪爽:可以!

一天,美国反导专家陪同国防部部长理查德·布鲁斯·切尼,来到美国宇航局戈达德太空飞行中心。研究人员拿出了几个金光闪闪的东西——戈达德太空飞行中心设计的一种雷达校准卫星。

这是一种专门检测、测试雷达视力的卫星,金属制造,表面喷涂了黄金,模仿太空碎片。戈达德太空飞行中心将这些金属球、金属条卫星,昵称为"金球"、"金条"卫星。

按形状,这种金光闪闪的卫星分为两种:"金球"卫星和"金条"卫星。

"金球"卫星一共三种:直径 15 厘米的"金球",质量 4 200 克;直径 10 厘米的"金球",质量 500 克;直径 5 厘米的"金球",质量 5 克。

"金条"卫星分为两种:长度 13.3 厘米的"金条",质量 1.5 克;长度 4.4 厘米的"金条",质量 0.5 克。4.4 厘米的"金条"是当时世界上最小、最细、最轻的卫星。

为了保险,美国自己先悄悄进行了一次"眼力"测试。

1992 年 12 月 2 日,美国执行 STS-53 航班任务的"发现"号航天飞机

⊙ "金球"雷达校准卫星

发射升空。

这次，"发现"号航天飞机专门为美国国防部进行了 11 项机密任务，包括发射第三颗"类星体"中继通信卫星，进行视觉功能测试仪、战场激光捕获传感器等机密试验。

在航天飞机货舱里，宇航员们将"金球"雷达校准卫星，也就是 3 对分别为 15 厘米、10 厘米、5 厘米的"金球"发射向太空，模仿"太空碎片"。它们进入近地点 317 千米，远地点 321 千米，轨道倾角 57°，轨道周期 90.9 分钟的低轨道。美国空军立即进行太空物体编号：22295 号。这次试验效果很好！

现在，好戏可以开演了！

1994 年 2 月 3 日，美国"发现"号航天飞机执行 STS-60 航班，从肯尼迪航天中心发射升空。4 日，俄罗斯与美国发现微小太空物体的竞赛开始。

这是一次视力、实力和势力的巅峰对决！双方都志在必得！宇航员从货舱里发射了 6 颗"金球-1"号雷达校准卫星。宇航员分三批向太空抛出各两颗 15 厘米、10 厘米、5 厘米的"金球"，用来测试超视距雷达效果。

这时，两颗直径 15 厘米的"金球"从一个发球机一样的管子里喷出来，进入近地点 329 千米，远地点 353 千米，轨道倾角 56.9°，轨道周期 91.35 分钟的低轨道。美国空军立即给太空物体编号：22990 号。

⬆ "金条"雷达校准卫星

美国和俄罗斯的雷达立刻发现 15 厘米"金球"。当直径 10 厘米的"金球"发射出来时，俄罗斯"顿河"雷达、美国"哨兵"雷达、"眼镜蛇"雷达、"干草堆"射电望远镜同时观测到了。

最艰难的比赛开始了！这时，5 厘米的"金球"飞旋而出。"顿河"雷达立刻分辨出乒乓球大小的"金球"，并测算出它们在太空的运动轨迹；"哨兵"雷达也很快看见了，只是装作没有及时发现。

美国知道了俄罗斯"顿河"雷达的秘密，最大探测距离和精度。当美国和俄罗斯进行"太空碎片"探测的时候，"干草堆"射电望远镜在一旁悄悄侦测、观

⬆ 美国宇航局发射金球

"金球"卫星正好在"发现"号航天飞机的尾翼上方（小白点）

雷达扫描

"眼镜蛇"相控阵雷达作战室

察俄罗斯雷达的行动、行为和测试结果。

为了验证"哨兵"的最佳视力，美国国防部又单独进行了一次极限试验。1995年2月3日，美国"发现"号航天飞机执行STS-63号航班，发射升空。宇航员从货舱里悄悄发射了"金球-2"号雷达校准卫星。

"金球-2"号雷达校准卫星包括6颗小卫星：一个15厘米"金球"，一个10厘米"金球"，一个5厘米"金球"；两条13.3厘米"金条"，一条4.4厘米"金条"。它们进入近地点250千米，远地点258千米，轨道倾角98.3°，轨道周期89.6分钟的太阳同步轨道。美国空军立即进行太空物体编号：23467号。

这时，"哨兵"雷达传来喜讯：3颗"金球"全看见了！最小的"金球"也看清了。

当抛出13.3厘米"金条"和4.4厘米"金条"时，"哨兵"报告：大的"金条"似有似无，模模糊糊！小的"金条"看不见！

这次"发现"号航天飞机创造了当时发射最小卫星的世界航天纪录。"哨兵"超视距雷达站也创造了太空观测最小物体的世界航天纪录。

美国国防部乐了：我们能看见乒乓球大小的太空飞行器。任何太空飞行器都在我们侦测之下！

⊙ 太空观测：卫星将无处躲藏　　　　　⊙ 太空观测：最高分辨率 5 厘米

 # 5.3 反卫星核雷

　　为了整垮苏联，美国制定了"星球大战"计划。其实，苏联也有自己的"星球大战"计划。

　　早在 1958—1962 年间，美国在太平洋和南大西洋的一些岛上进行过 14 次高空核试验，最大威力达到 380 万吨 TNT 当量，最大高度 540 千米，10 次成功，4 次失败。

　　1961—1962 年间，苏联在卡普斯京亚尔导弹基地进行过 7 次高空核爆炸试验，最大威力达到 30 万吨 TNT 当量，最大高度 300 千米，每次都成功。苏联的 7 座"礼炮"号空间站中的 3 座被苏联国防部命名为"钻石"号军事空间站，已经进行了太空武器实验，领先于美国。

　　"这还不够！苏联必须领先美国 20 年。"

　　一天，苏联国防部开会，激烈争论研制太空武器的方向。国防部部长提出："你们先给我研制拦截和摧毁洲际导弹的武器。"

　　科学家说："部长同志，研发拦截洲际导弹的反导导弹，难度非常高，一

激光反卫星武器

时半会儿弄不出来。"

"那什么太空武器快？"

"反卫星卫星——激光反卫星武器。它能击毁卫星，也能击毁洲际导弹。"

"激光武器，真那么厉害吗？"

"部长同志，真的很厉害！激光武器利用激光束攻击目标，快速而精确，几秒钟就将目标撕成碎片、化为灰烬。"

"激光武器有什么特点？"

"激光武器最善于发动闪电般的攻击，摧毁敌人的侦察卫星、预警卫星、通信卫星、气象卫星，甚至将敌人的洲际导弹摧毁在卡门线以下。部长同志……"

太空武器，要玩就玩绝的！

20世纪70年代中期，苏联国防部命令：立刻开始研究太空武器。由于研发拦截洲际导弹的武器难度非常高，因此，苏联国防部将目标转向研制激光反卫星武器。毕竟，研制一颗反卫星卫星比拦截和摧毁洲际导弹容易得多。

苏联开始发展反卫星武器，目标是摧毁美国的军事卫星和洲际导弹，从而削弱美国核导弹的威慑。苏联国防专家说："洲际导弹非常需要各种军事卫星的支持。卫星没了，看你往哪儿飞。"

太空武器，要玩就玩悬的！

在太空竞赛中，苏联一直处于主动和强势地位。苏联一直在发展太空武器，拦截卫星和洲际导弹。反卫星武器成了苏联的杀手锏。在核攻击的情况下，苏联反卫星武器、激光武器将大规模消灭美国洲际导弹，进行先发制人的打击报复。

谁控制了太空，谁就控制了地球。"造导弹如同造香肠"的苏联也绝不示弱。苏联的"星球大战"计划包括一系列太空武器。苏联国防部部长笑了："一旦美国洲际导弹成了睁眼瞎，苏联的洲际导弹就开始打击敌人的领土。"

20世纪80年代初，苏联专家提出了两个太空武器方案：一种称为"一叶扁舟"，用来装备激光武器的卫星；一种称为"荣耀"，用来装备导弹的卫星。它们的目标都是拦截卫星和洲际导弹。"一叶扁舟"覆盖低轨道，用激光拦截、消灭敌人的卫星。"荣耀"卫星主要用导弹打击地球同步轨道的目标卫星。最终，"一叶扁舟"演变成邪恶的化身——"极地"号反卫星核雷。

🌑 "极地"号反卫星核雷

"极地"号反卫星核雷，由三大部分组成："幽灵"飞行器、"短剑"激光发射器和"能源"号运载火箭。这三部分分别由三家设计局研制。

在"礼炮"空间站的基础上，苏联礼炮设计局开始发展太空武器平台——"幽灵"飞行器。首席设计师尤里·科尔尼洛夫认为："这是个史无前例的大家伙。为了起到恐吓和威慑的效果，它应该是一个黑色的幽灵，越黑越好。"

太空武器设计局设计"短剑"激光发射器。"极地"号的核心武器是二氧化碳激光器——"短剑"。"短剑"是一种激光发射器，具备较高的输出功率。"短剑"的激光光束具有良好的穿透力，拥有超自然的威力，不破坏或摧毁敌方的航天器，而是会导致敌方航天器的传感器等光学器件报废。

激光，具有方向性极好、亮度极高、能量密度极大、颜色极纯等优点。激光产生的高温可瞬间熔化任何金属。激光武器利用光束发射巨大的能量，对目标产生不同的杀伤破坏效应，如烧蚀效应、激波效应、辐射效应等。

激光武器以30万千米/秒的光速直线射出，速度极快，不需要提前量；没有弯曲的弹道，指哪打哪，非常精确。激光武器没有后坐力，可以迅速转移打击目标，还可以进行单发、多发或连续射击。

激光武器具有神奇的本领，是理想的太空武器。激光武器可以安装在卫星、战机、舰艇和车辆上。小型的也可以像步枪、手枪一样，随身携带，方便灵活。目前，移动更快、体积更小、更耀眼的致盲型激光武器已经部署，更大、更强的激光器也开始成为新时代的武器。

在太空中,"短剑"行动的真空半径大大提高,可以很容易地用来作为进攻武器。如果敌人卫星的传感器故障后,就等于宣布敌方卫星死亡。为了增加"短剑"太空攻击的有效性,苏联还开发出一种特殊的望远镜。

能源火箭设计局负责研制"能源"号火箭。火箭专家介绍:"能源"号火箭拥有大约100吨的运载能力,完全可以发射80吨重的"极地"号反卫星核雷。

"能源"号运载火箭与"极地"号反卫星核雷

"极地"号反卫星核雷是一种太空武器。它的任务是进行发射重大卫星试验,激光武器摧毁卫星试验,验证激光武器的火控系统。"极地"号不是反卫星的核武器。为了威慑美国和北约,苏联故意将"极地"号称为反卫星核雷,迷惑敌人。

太空激光战斗开始了!

"极地"号是一个黑色圆柱形卫星,由服务舱和武器舱两个舱段组成。它长度37米,直径4.1米,质量80.5吨,至今仍是世界上最重最大的卫星。"极地"号给任何人的感觉都一样:震撼、恐怖和邪恶!

最初,"极地"号选用2兆瓦功率的激光器,火力威猛。由于技术不够和功能太多,"极地"号存在激光器体积很大,能量转换效率低,发热量高等缺点。最终,"极地"号因体积和重量原因不得不改用功率为1兆瓦的小型二氧化碳激光发射器。

"极地"号服务舱装载飞行控制系统、综合管理系统、通信系统、遥感控制系统、热控系统、电源系统、整流罩分离系统、天线系统、科学实验控制系统。所有设备和系统放置在一个密封的仪器服务舱中。

当"极地"号进入太空轨道后,外侧的太阳能帆板自动打开,提供电力。武器舱主要配置了激光武器,舱内有二氧化碳储罐,2台涡轮压缩机,舱外配有旋转激光炮塔。由于庞大的二氧化碳激光器开火没有后坐力,"极地"号飞行、作战都很平稳。

反卫星核雷建造完毕后,据说,激光器在"伊尔-76"运输机上只试验过一次。为了响应苏联政府的政治任务,激光器就直接装入"极地"号,进行太

⬆ "极地"号反卫星核雷

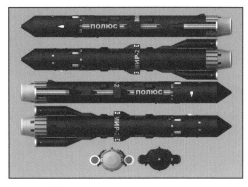

⬆ "极地"号反卫星核雷的多视图

空飞行试验。

由于"极地"号反卫星核雷太重了，一般运载火箭根本吃不消，只能委托给苏联最强大的运载火箭——"能源"号。

"能源"号运载火箭由一枚芯级火箭和 4 枚助推器组成，最大宽度 8 米，拥有 20 台动力推进、控制方向和稳定姿态的发动机，以及燃料箱、管道和阀门等。推进剂为液氢、液氧。芯级火箭长约 60 米，直径 4 米，发射质量 2 400吨，起飞推力 3 500 吨。助推器长 32 米，直径 2 米，发射质量 365 吨，4 台发动机。

"能源"号能将 100 吨质量送上近地轨道，将 20 吨质量送入地球静止轨道，将 32 吨质量送入月球轨道。人类还没有造出如此大的卫星和飞船，"能源"号运载火箭一直没有机会大显身手，英雄无用武之地。"能源"号见证着人类的力量，见证着科技的震撼。

"能源"号运载火箭是苏联也是世界上起飞质量和推力最大的火箭。它可发射大型的宇宙飞船、航天飞机，也可发射像"极地"号一样又重又大的太空武器。"极地"号太庞大，加上发射温度等技术原因，发射方式与一般卫星相反。

⬆ "能源"号运载火箭的芯级火箭

能源火箭设计局为"能源"号火箭设计了一套独特的发射方式。

"能源"号发射时，先偏航旋转180°，"肚子"朝上，"背脊"朝下。"极地"号躲在火箭的"肚子"下面，

⬆ "能源"号运载火箭由一枚芯级火箭和 4 枚助推器组成

尽量避免发射速度高带来的空气摩擦、炽热和高温。当进入太空后，"极地"号的发动机点火，身体再旋转 90°，最后变为正常飞行姿态，进入轨道。

能源火箭设计局设计的发射、动作都非常完美。在发射冲刺阶段，能发射100 吨载重的"能源"号火箭，发射"极地"号完全没有问题。但是，"极地"号在最后一分钟的旋转翻身等一系列变化，将决定几乎完成的发射任务的成败，也决定"极地"号能否完成 30 天的试验任务。1985 年，苏联国防部决定：发射"能源"号运载火箭，将"极地"号送入太空。

在 1985 年 9 月至 1986 年 9 月短短一年里，"极地"号反卫星核雷测试完成。能源火箭设计局测试和调整了"能源"号运载火箭、发射台。"极地"号的首次发射定于 1987 年 2 月，后来推迟到 1987 年 5 月。能源火箭设计局首席设计师鲍里斯说："前几年，工作时间表里没有休息时间，累得疲惫不堪。现在，火箭要飞天了，心里美极了。"

1987 年 5 月 11 日，苏共总书记米哈伊尔·谢尔盖耶维奇·戈尔巴乔夫视察拜科努尔航天中心，并参观"极地"号发射。他看到庞大的"极地"号后非常震惊。当知道"极地"号的威力时，戈尔巴乔夫要求取消发射！

因为苏美签订了《外层空间条约》《反弹道导弹条约》等协议，明确禁止在太空测试太空武器的威力、功能。戈尔巴乔夫担心西方国家会认为这是一次试验太空武器的行动，违背苏联以前声明的"和平国家"与"和平宇宙"的意图，更担心"极地"号发射将挑起苏美紧张关系。

苏联政府和国防部认为："极地"号反卫星核雷符合"和平宇宙"的利益。"极地"号主要任务是发射测试、雷达系统测试和氙气体云释放实验。"极地"号不会攻击美国卫星和洲际导弹。尽管戈尔巴乔夫十分担心，但最终没能阻止发射"极地"号反卫星核雷。

1987 年 5 月 15 日，苏联第一颗也是唯一一颗"极地"号反卫星核雷从拜科努尔航天中心发射升空。这是有史以来最重的卫星，至今没有卫星超过它。按照苏联国防部的计划，将"极地"号送到轨道高度 280 千米，轨道倾角 64.6°的圆轨道。

"火箭运行良好！"

"火箭突破卡门线，进入太空！"

....

"不好！火箭故障，出大事了！"

第 460 秒后，"能源"号芯级火箭与助推器分离，"极地"号进入 110 千米近地太空。当"极地"号进入发射第二阶段时，灾难性的故障发生了。科学家发现，在发射 568 秒后，启动时序控制逻辑设备给火箭一个命令：火箭分离和抛弃整流罩。

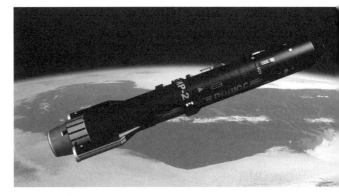

↑ "极地"号反卫星核雷飞入太空

谁也没想到，同样的命令竟然打开了太阳能帆板和操纵分离推进器。这在地面试验过程和整体测试过程中从没有发生过。芯级火箭发动机完全错乱了。它做了一个超过预期的 180°大转弯，胡乱飞行。"极地"号减慢了速度并失去弹道轨迹。最后，"极地"号进入不正常的轨道上，坠毁在南太平洋上空。

这是非常可悲和不幸的事件。由于"能源"号火箭一个极小错误，未能将"极地"号送入轨道。火箭专家形容道："能源"号火箭和"极地"号卫星在太空乱翻筋斗。这次失败是由于一个错误的惯性制导系统没有经过严格测试，仓促发射造成的。

苏联评估报告指出：超过 80%的实验计划失败，多年的辛苦白费了！宏伟的计划泡汤了！

苏联总结"极地"号的失败教训，对"能源"号、"暴风雪"号航天飞机的进一步发展提供了科学数据。后因经济困难和苏联解体，"极地"号没有再发射过，但"极地"号庞大的身躯和超自然的威力却给世界留下深刻的印象。

↑ "能源"号运载火箭与"极地"号反卫星核雷的英姿

5.4 太空"毒花"

冷战时期，为了占领太空制高点，美苏各种太空武器，纷纷登场。

20世纪七八十年代，苏联制定了一个反卫星武器，号称太空"毒花"。

在太空中，"毒花"要做好当打手、小偷、泼皮和流氓的准备。在真空失重、无边无沿、瞬息万变的太空，"毒花"与敌星战斗，不必讲究规则和体面。只要能战胜敌星，"毒花"可以使用所有手段。

"毒花"长得五大三粗，肚子里面装满了钢针。当与敌星遭遇时，就会二话不说，瞬间发射无数小钢针。

这些小钢针以第一宇宙速度飞行，要么散布在敌星前进的轨道上，要么直接刺入敌星的"身体"。如果侥幸的话，敌星还能"一瘸一拐"地逃跑，不久就命丧黄泉。如果猛烈的话，小钢针刺入敌星的"脑袋"或"心脏"，用不了一时半会儿，敌星就会冒烟，噼里啪啦地着火，立马毙命。

苏联人知道"毒花"建造简单，手段残忍，但战果一定非常辉煌。美国人想象"毒花"的厉害，不寒而栗。苏联隔空喊话："这有什么了不起的！我们还有更厉害的！"

科学很深奥，原理很简单。太空作战很危险，其实原理也很简单。在科学研究中，在太

"毒花"发射钢针等暗器摧毁敌星

空飞行中，在太空作战中，想象力非常重要。许多事例证明：想象力比知识、比科技更重要。

苏联卫星专家设想："毒花"只要稍加改造，就能变成另外一种太空武器。苏联科学家给"毒花"装上一大桶胶水，希望它会在敌星的必经之路上，喷洒胶水。

卫星的飞行轨迹，如近地点、远地点、轨道倾角等参数，可以根据开普勒的轨道六要素侦测、计算得到。"毒花"专门等候在敌星飞行的前方，

钢针来了，看你往哪里跑

像喷雾器一样喷洒胶水。这些胶水颗粒非常细小，组成一道迷雾一样的幕墙，敌星根本看不见，也不会想到。

敌星一旦穿越胶水颗粒的迷雾幕墙，浑身都是黏黏的胶水。有的胶水渗入敌星的观察口和照相镜头，迷住了双眼；有的胶水流进了敌星的天线、仪器里，瞬间短路，与地面失去联系；有的胶水窜进了发动机进出口和姿态控制的飞轮，被粘住的部分就动不了了。

苏联人想想就觉得，"毒花"太好玩了！

如果"毒花"飞上太空，那么一场幽默滑稽的太空闹剧就上演了。它的表演会非常精彩吗？

 美国"星球大战"计划设想的太空武器

5.5 卫星战斗机

1961 年，苏联国防部成立太空防卫司令部，专门负责反卫星项目，研发反卫星武器。1963 年，苏联开始研制共轨式反卫星武器。1968 年 10 月，苏联开始进行拦截器反卫星飞行试验。1978 年，苏联宣布：反卫星武器已达到实战水平。1982 年 6 月，苏联完成拦截器拦截目标卫星的试验，反卫星武器列入武器装备，进入战斗值班。

苏联的反卫星武器分两大部分：反卫星武器，反卫星武器标靶。反卫星武器主要有"飞行"号反卫星拦截器、"卫星战斗机"攻击卫星、"钻石"号空间站、"极地"号反卫星核雷、"联盟-载人"太空拦截器等。反卫星武器标靶是在反卫星武器实验过程中扮演敌星，主要有"里拉"目标卫星等。

苏联最早的反卫星试验武器是"飞行"号。"飞行"号攻击卫星，就是一个反卫星飞行器、反卫星武器。"飞行"号卫星由圆柱形仪器舱、主发动机推进装置、4 个球形推进剂储罐组成。它质量 1 400 千克，配备了 6 台 400 千克马力的发动机和 16 台 1 千克马力的调姿发动机。它包括一个圆柱形星体、球形燃料舱、推进剂和弹头部分。"飞行"号攻击卫星的任务就是进行反卫星拦截器的控制和推进试验。

1963 年 11 月 1 日，"飞行-1"号从拜科努尔航天中心发射升空。它运行在近地点 331 千米，远地点 1 420 千米，轨道倾角 58.9°的近地轨道，轨道周期 102.4 分钟。"飞行-1"号在太空进行各种飞行表演，进行太空拦截。这次飞行取得了巨大的成功。微型发动机启动 350 次，主发动机稳定启动 300 次。

1964 年 4 月 12 日，"飞行-2"号在拜科努尔航天中心升空。它进入近地点 303 千米，远地点 479 千米，轨道倾角 58.1°的近地轨道，轨道周期 92.3 分钟。反卫星拦截器的控制和推进试验很成功。苏联太空防卫司令部宣称：太空作战，战胜未来！

20世纪60年代初，苏联进行了4次攻击卫星的飞行、推进和其他各项试验。

⬆ "飞行"攻击卫星后视图

1960年代，赫鲁晓夫一直嚷嚷：咱们必须研制一种"卫星战斗机"。不久，"卫星战斗机"攻击卫星诞生了。它是一颗卫星，而不是战斗机，不会发射炮弹，也不会轰炸。它是苏联反卫星武器中的一件武器。

"卫星战斗机"攻击卫星真的狠毒，而且张牙舞爪，身上安装了拦截卫星轨道参数的传感器。传感器能侦察和发现敌星的飞行轨道和轨迹。"卫星战斗机"腰上缠满了燃料和炸弹，它以"星体炸弹"的方式自杀身亡，同时摧毁敌星。

1967年10月27日，苏联第一颗"卫星战斗机"——"宇宙-185"号卫星从拜科努尔洲际导弹基地发射升空。虽然它是第一颗攻击卫星，不拦截任何卫星，还在进行飞行系统试验和变轨试验，但这个家伙很灵，在太空乱窜，寻找目标。

"卫星战斗机"卫星注定要尝试太空暗杀演习。现在，一次暗杀行动真的开始了！

1971年12月3日，苏联又发射了一颗"卫星战斗机"——"宇宙-462"号卫星。它速度极快地靠近另一颗苏联快失效的卫星——"宇宙-459"号。猎杀者在近地轨道追上受害者，溜达到受害者旁边，渐渐逼近……

这时，快到30米内的有效摧毁范围了。"卫星战斗机"仿佛露出了真面目，

"卫星战斗机"攻击卫星是苏联第一代反卫星卫星。它由杨格尔设计局、科罗廖夫设计局根据切洛梅的原理设计并发扬光大。

"卫星战斗机"形状近似球形，总质量为1400千克。它由两部分组成：战斗部和服务舱。战斗部包括制导、瞄准、计算和光学寻的系统，以及300千克炸药。根据装载炸药的多少，弹头爆炸后可以分成12组弹片，产生27~139个弹片。

战斗部一般保证摧毁目标的半径为1千米。在迎面碰撞拦截中，它保证摧毁目标的半径只有400米。在追逐拦截中，它的破坏半径可以达到2千米。

服务舱的发动机能够多次快速启动和重启，总运行时间为300秒。

一阵冷笑，扑向受害者。突然，"卫星战斗机"自行爆炸成了 27 块弹片，将"宇宙-459"号卫星切成碎片。这颗"卫星战斗机"卫星便是一颗自杀身亡的"凶手"卫星。

这是第一颗"谋杀"卫星的卫星。1968 年 10 月 20 日—1971 年 12 月 3 日，苏联从拜科努尔发射了 8 颗"卫星战斗机"攻击卫星，进行太空暗杀实验，6 次暗杀成功，全身而退。从 1976 年 2 月 16 日~1982 年 6 月 18 日，苏联又发射了 13 颗"卫星战斗机"反卫星卫星，10 次成功地截击、暗杀了"敌星"。

苏联太空军军官说：我们的试验看起来像一次不太成功的刺杀行动，下一次表演一场惊险的星球大战。

🔺 火箭将"卫星战斗机"攻击卫星送上太空

🔺 美国的攻击卫星

5.6 猎杀魔箭

早在 20 世纪 50 年代，美国著名小说家、散文家、专栏评论家、记者，美国科幻作家协会主席杰里·波奈尔，第一个提出太空动能武器——超高速钨棒。

超高速钨棒，也称为"上帝权杖"。"上帝权杖"太空动能武器，又称为动能轰炸机、猎杀魔箭。

　　"上帝权杖"弹体由动能弹头、推进系统、制导系统、热控系统与通信系统五部分组成。弹头由高密度的钨、钛或铀等金属铸造。弹头尖型，可以减小空气阻力，降低到达地面时的动能损耗。推进系统是一台火箭发动机，在太空提供推力。制导系统负责调整姿态和精确的飞行方向，确保精准命中目标。热控系统主要是依靠外部特制的热防护涂层，防止弹体过热。

　　"上帝权杖"太空动能武器，由两颗卫星组成。一颗卫星号称"太空战斗母舰"，负责通信、导航和寻找目标。一颗卫星号称"上帝权杖"，装载 12 根金属棒。这种金属棒由钨、钛或铀等金属制成。钨、钛或铀有共同的独特性能和特点：硬度高、熔点高、质量大，非常适合建造"上帝权杖"。铀具有放射性，还是制造核武器的原料。

　　这是一种理想的太空动能武器和太空轰炸武器。"上帝权杖"没有装载核武器，也没有炸弹，而是利用钨、钛或铀棒作为炸弹，攻击地球的表面。这个撞击速度非常高的动能弹头，会产生巨大的破坏力。

　　2003 年，美国空军报告描述了"太空战斗母舰"和"上帝权杖"。"上帝权杖"由钨金属制成，长 6.1 米，直径 0.3 米，质量大于 9 吨，撞击力相当于 11.5 吨 TNT 当量。

　　当在太空发射后，"上帝权杖"能以 39 000 千米/时的速度，击中目标。它的优点很多：攻击威力大、毁灭范围广、反应时间短、飞行速度快、打击精度高、突防功能强、生存能力强，未来可用于替代核武器。

　　"上帝权杖"由"太空战斗母舰"卫星控制，并且有全球性轰炸能力，以 10 马赫冲击速度，相当于 11 260 千米/时的速度轰炸地球。"上帝权杖"从脱轨到撞击之间的时间只有几分钟，时间长短取决于轨道和轨道的高度及位置。

　　"上帝权杖"以将近 8 千米/秒的速度下降，越接近地球速度越快。尽管会遭到空气阻力，失去大部分的速度，但剩余的能量仍会造成相当大的损害。"上帝权杖"常被当作一个小型战术核弹。它可作为"核基地克星""地堡杀手"，以强大的撞击力，足以摧毁一个核掩体。

“太空战斗母舰”朝下发射“上帝权杖”

美国空军设想：在太空轨道上部署 6~8 颗“太空战斗母舰”卫星。每颗卫星装载十几甚至几十枚“上帝权杖”炸弹。每一枚“上帝权杖”炸弹可以在 12~15 分钟内命中一个目标。“上帝权杖”炸弹不会给反导系统任何时间，也没有发射警告，以不到洲际导弹一半的时间攻击全球任何一个地方。这种系统还可以配备传感器，侦测反弹道导弹的威胁。

当接到太空轰炸的指令时，“太空战斗母舰”卫星将刹车，瞄准地球上的目标，并发射一枚“上帝权杖”。“上帝权杖”炸弹的重力加速度越来越大，产生巨大的冲击力。它会在大气层减速，但在撞击地球之前达到最大速度。

这种“上帝权杖”炸弹很难抵御。它具有极高速度和极小的雷达横截面，发射、飞行和下降都难以探测。它不发出任何红外线，也没有固定的飞行轨道。它与洲际导弹发射相比，红外线发出的数量也要小得多。

英国研制的“上帝权杖”

当然，“上帝权杖”炸弹也不是万能的。它的缺点也很明显：在大气层再入时，它前面会激起空爆和等离子鞘，它的传感器几乎会失明。如果攻击一个移动目标，寻找、跟踪、瞄准等会很困难，精准投掷很难保证。

“上帝权杖”还必须应对进入大气层后极高的温度。那些传感器、飞控系统会熔化。尽管困难重重，美国空军仍然将“上帝权杖”炸弹形容为“神棒”“超高速大棒”。美国国防部计划 2025 年在太空部署“上帝权杖”。

1979 年，《外层空间条约》规定，禁止在轨道或太空部署大规模毁灭性武器，但并未禁止部署常规武器。联合国也只禁止核武器、生物武器和化学武器。由于最常见的动能武器是钨棒，《外层空间条约》《反弹道导弹条约》并不禁止动能炸弹、动能武器和"上帝权杖"炸弹。这让美国有了可乘之机。

"上帝权杖"的发明人杰里·波奈尔说："它炸到哪儿，哪儿就变成了月球。"

5.7 "毒箭" 与 "飞镖"

若要决斗，就直接刺入心脏！

俄罗斯、美国都进行了导弹打卫星的试验，当场将"敌星"打得粉身碎骨。

1999 年 5 月 10 日，中国"风云-1C"号气象卫星发射升空。它是一个立方体星体，质量约 958 千克，飞行在高度 870 千米，轨道倾角为 98.8°的太空，环绕地球的南北极飞行，设计寿命 2 年。

2007 年 1 月 11 日，中国要进行反卫星导弹试验，"风云-1C"号气象卫星已经退役，就被作为靶子和"敌星"。

在西昌附近的一个发射基地，一枚 SC-19 反卫星导弹在移动发射架上昂首挺立，直刺太空。这枚反卫星导弹属于多级固体燃料导弹。

这次，中国进行的是地面导弹——陆基反卫星导弹打卫星的试验。当发射升空后，反卫星导弹很快进入太空，飞越到海拔 870 千米高度。它不是以自杀爆

反卫星导弹分为陆基反卫星导弹、空基反卫星导弹、海基反卫星导弹和太空反卫星导弹，分别在地面、空中、海洋和太空发射导弹。目标只有一个：敌星。

● 中国的反卫星导弹

炸的方法击毁"敌星",而是用更精准的方法——迎头撞击。

反卫星导弹以近8千米/秒的速度,从"风云-1C"号气象卫星的正面迎头撞击。"风云-1C"号卫星瞬间化为10多万碎片,彻底被摧毁。

2007年1月23日,中国外交部正式确认:中国进行了一次反卫星导弹试验。

中国成为世界上第三个拥有反卫星导弹的国家。

导弹打卫星,是最简单、最廉价、最有效和最佳的方法。反卫星导弹不必太大,可以用尾随撞击的共轨攻击方式,也可以用从前方迎头撞击的逆轨攻击方式;可以用弹头爆炸的遥控式攻击方式,也可以用卫星撞击的自杀式攻击方式。

怎样用更简单的方法攻击卫星呢?中国专家设想,如果反卫星导弹是一枚多弹头导弹,一次发射,到太空分离成3枚或更多弹头,攻击更多卫星,那该多好啊!于是,"毒箭"多弹头反卫星导弹应运而生。

"毒箭"多弹头反卫星导弹是一种三联装导弹。它分为两部分:前面部分是战斗部,后边部分是动力部。动力部负责从地面飞向太空;战斗部会旋转,前后各4个非旋转的飞翼。导弹后面装载引导导弹的电子、导航、通信装置和引信。

"毒箭"导弹由钨合金制造,长2米,直径0.35米,质量约190千克。每个分弹头质量大约35千克,大约一半质量是弹药。当发射升空,进入太空轨道时,"毒箭"的战斗部立即分离,变成3枚导弹。每枚导弹各自寻找计划攻击的卫星。"毒箭"特别善于攻击敌星星座,敌星越密集,战果越大。

导弹制导系统由两个激光束投射和瞄准敌星。根据导航的位置,制导系统随时激光调制参数。如果目标丢失,导弹瞄准系统会扫描目标,直到重新找到目标。"毒箭"导弹会绘制太空地图,精确定位敌星,并告诉地球上的指挥员。

每枚分弹头包含弹药和导引头。它们可以通过检查调制的激光来确定目标的位置。当接近敌星时，分弹头激活引信，突然在敌星附近引爆。每枚分弹头能散发出 3 000 多颗大大小小的锋利弹片。这些弹片有足够的能量穿透卫星的装甲。

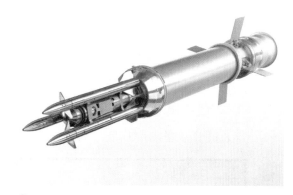

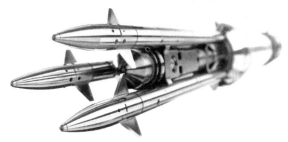

如果制导系统更加精准，"毒箭"导弹可以将前面的箭头，直接插入敌星的"心脏"，使敌星一命呜呼！

军事卫星，特别是侦察卫星、通信卫星都很大很重。军事卫星一般都设计成防核攻击、防电磁辐射、防干扰，就是一个全能的太空战士。

⚙ "毒箭"多弹头反卫星导弹：透露着诡异和杀气

⚙ "毒箭"导弹的战斗部和动力部

如果用撞击、刺穿和弹片切割的方法消灭敌星，效果不大，甚至无效，弄不好自己先完了。

怎样打击防护齐全的军事卫星？怎样摧毁安装装甲的军事卫星？怎样击落全副武装的太空武器？怎样用最便宜的卫星消灭最昂贵的卫星？怎样保卫祖国和自己的卫星？中国专家设想一种反卫星卫星——"飞镖"。

"飞镖"反卫星卫星是一种装载导弹的卫星。它分为两大部分：飞行器和战斗部。飞行器在卫星的下面，装载了动力、导航、制导、飞控、通信、瞄准、计算等系统，为卫星提供后勤保障。战斗部主要有导弹、发射管、旋转底座、上下调节机构、点火发射系统等。

"飞镖"导弹卫星相当于一架多联发导弹发射架，能够上下左右调整方向。"飞镖"一般装载 8 枚导弹。每一枚导弹可以攻击一颗敌星。如果敌星比较大，十几吨，甚至几十吨，也可以几枚导弹攻击一颗敌星。"飞镖"导弹卫星可以单发、连发，甚至齐发。

当发现了敌星，或地面指挥官发布指令，"飞镖"导弹卫星会利用导航卫星，自动跟踪敌星，精准计算方向、高度、坐标、时间和时机。"飞镖"导弹一旦发射，就不会回头。它会以发射速度迎敌，一击命中。

在地球上，"飞镖"导弹能击穿10厘米厚的装甲。在太空中，"飞镖"导弹将轻松穿透最坚固的敌星的"脑瓜"和"心脏"。在地球上，"飞镖"导弹能将坦克内部炸成马蜂窝。当在太空进入敌星的"内脏"，"飞镖"的弹头立刻爆炸，能将敌星内部炸成"肉酱"，甚至"天灵盖"开花。

🔊 "飞镖"导弹卫星：8枚导弹，虎视眈眈

"飞镖"导弹卫星是最强大的太空武器，能够摧毁敌星，同时也会成为攻击的目标。在太空中，飞行着敌国的反卫星导弹卫星。它们正虎视眈眈地盯着"飞镖"导弹卫星的一举一动。如果稍不留意，或者敌星先发制人，"飞镖"导弹卫星也会成为别人的盘中餐。

太空凶险，一路小心啊！

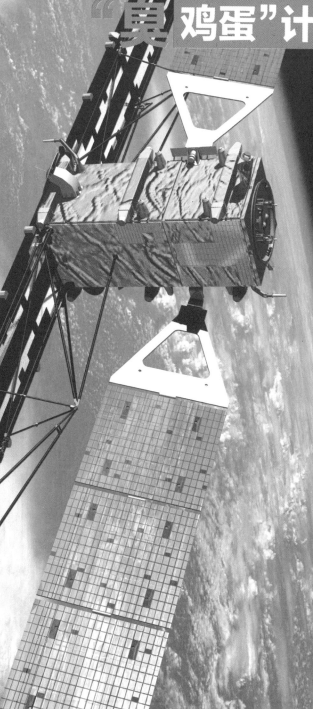

第6章
"臭鸡蛋"计划
>>>

谁会将自己变成一颗人体炸弹祸害无辜？是那些无恶不作的坏蛋！那些杀人不眨眼的恶魔！怎样将这些坏蛋装到一个篮子里，一举捣毁？一场斗智斗勇、全球追杀的行动开始了！

# 6.1 全球反恐战争

　　恐怖分子头目本·拉登领导的基地组织，总部设在阿富汗。基地组织与阿富汗的塔利班互相勾结，滥杀无辜。他们明里打不过你，就暗地里打闷棍，搞游击战，碰到目标，下黑手，搞袭击。

　　2001年9月11日，恐怖分子对美国纽约市、华盛顿和宾夕法尼亚州发起突然攻击。19名恐怖分子劫持4架民航客机，撞击纽约世贸中心大厦、华盛顿的美国国防部五角大楼等。世贸中心两座110层的塔楼倒塌，造成2 977名平民死亡，6 000多人受伤，财产损失至少2 000亿美元。

　　这就是震惊世界的"9·11"事件。

　　美国总统小布什说：这是美国最危难的一天，最耻辱的一天。

　　美国认定："9·11"恐怖袭击事件的头号嫌疑犯是本·拉登。"9·11"袭击的罪犯都来自阿富汗的基地组织。

　　小布什被激怒了。他说："我们要将凶手绳之以法，将正义带到每一个角落。我们不会忘记，他们无视战争法，杀害无辜的平民的事实。既然他们是一群灭绝人性的杀手，那我们的打击也将毫不留情。"

　　美国国务卿鲍威尔发飙了："我们要以牙还牙，全球追杀每一个恐怖分子。"美国发誓铲除基地组织、塔利班和一切恐怖分子。

　　恐怖分子，是指那些反社会、反国家、反人类的极端分子。

　　2001年10月7日，美国总统小布什宣布："美国和英国已经开始对阿富

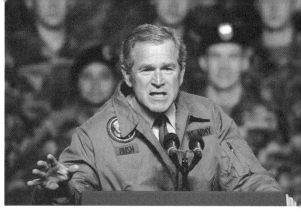

❶ "9·11"事件中第二架飞机准备撞击世贸中心　　❶ 美国总统小布什发誓：全球追杀，一个不留

汗塔利班的军事目标和伊斯兰极端主义分子拉登的卡达训练营进行军事打击。"

反恐战争爆发了。

反恐战争，又称全球反恐战争。这是美国和英国为首的北约，以及阿拉伯国家发起的国际军事行动。美国等国采取一切必要手段，攻击、剿灭、暗杀、轰炸恐怖分子和为恐怖组织提供支持的国家和组织，追杀到底。

反恐战争，具有全球性的特点。恐怖分子首先在西方和阿拉伯国家，发动恐怖袭击，造成大量平民伤亡。恐怖活动引起全世界的惊诧和恐慌，危害到世界的和平、安定和发展。小布什誓言："反恐战争是长期的战争，反恐战争是全球的战争，直到消灭最后一个恐怖分子。"

反恐战争是一场正义与邪恶的战争。恐怖分子不穿军装，也不带军帽，以平民的身份出现，袭击无辜的平民，甚至诱骗女性、儿童充当自杀式人体炸弹，出其不意地发动攻击和爆炸。

反恐战争是一场没有准确的战场，也没有明确敌人的战争。反恐战争的战场广阔，主要地点在中东、南亚、东南亚、非洲之角、美国、欧洲等地。受害者在明处，恐怖分子在暗处。恐怖分子可能藏身在高山、峡谷、平原、海上；可能隐身在超市、餐馆、电影院、博物馆、学校、医院、飞机、邮船、火车、公交车、地铁；也可能在乡下的村庄里，城市的大厦里，甚至就在每个人的身边。

反恐战争是一场和平与暴力对决的战争。恐怖主义分子的恐怖行径引起绝大多数国家的公愤，世界上大多数国家支持并参加了反恐战争。

反恐战争首先从恐怖分子的老巢——阿富汗境内恐怖分子聚集区打响。

2001 年 10 月 7 日，阿富汗战争开始，代号"持久自由"行动。美国、英国的军队和阿富汗北方联盟，发动反恐战争。第一个目标是：消灭基地组织，

反恐战争极为残酷："爸爸，你什么时候回来？"

推翻塔利班政权，在阿富汗建立一个民主国家。

在这场战争中，美军针对恐怖分子的行为特点和反恐战争的实践，发明了新战术——单向透明、精确打击、斩首行动、定点清除等。

单向透明，就是自己看得很明白，敌人糊里糊涂；精确打击，就是利用高科技精准打击恐怖分子；斩首行动，就是专门猎杀恐怖分子的首脑人物；定点清除，就是发现一个消灭一个。

阿富汗战争一开始，美军照相侦察卫星、电子侦察卫星、军事通信卫星、通信中继卫星、导弹预警卫星、GPS 导航卫星、国防气象卫星等军事卫星，全部进入战争状态。它们日夜不停为美军及北约军队服务，提供侦察情报、战场、通信、气象和定位信息。

2001 年 11 月 25 日，塔利班政权被推翻了，基地组织几乎被消灭，阿富汗首都喀布尔解放了，参战国家也损失惨重。

2011 年 6 月 22 日，美国总统奥巴马在白宫宣布：美军将从阿富汗撤军。阿富汗战争落下帷幕。

军事卫星——信息化战争必备

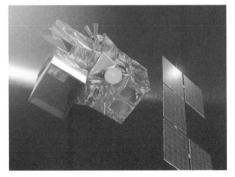

太空力量：单向透明

6.2 打闷棍的专家

阿富汗战争并没有消灭恐怖分子头目本·拉登,他逃到哪里去了呢？他是怎么走上这条不归路的？

乌萨马·本·拉登,1957年3月10日出生于沙特利雅得一个富商家族。乌萨马,阿拉伯语的意思是"雄狮"。

本·拉登家族在建筑行业拥有数十亿美元资产,其中拉登继承了约数千万美元。后来,因为拉登杀人越货、惹是生非,失去了沙特公民身份。他也被开除出家族,一分钱未得。

激进、好战是本·拉登的特点。他创建了基地圣战组织。他认为和自己信仰不一样的人,还有那些阿拉伯的叛徒,都是邪恶的魔鬼,应该消灭。

野心有多大,罪恶就有多大。就这样,本·拉登走上了爆炸贩毒、极端暴力、恐怖袭击的道路。

在阿富汗,拉登和基地组织从境外获得资助,建立了更多的圣战训练营。他们抢劫阿富汗阿里亚纳航空公司,贩卖毒品,运输伊斯兰激进分子、恐怖分子、武器、现金和鸦片等。

面对西方国家强大的军事力量打压,本·拉登自知不可战胜,就发明了突然袭击、暗杀爆炸、滥杀无辜的恐怖战争和游击战争。他因此被称为"打闷棍的专家"。他策划了上百起针对美国、阿拉伯国家平民和军事目标的袭击。2001年9月11日,他发动"9·11"恐怖袭击,死伤上万人。

最初,本·拉登害怕追杀,多次否认并声称自己没有参与"9·11"恐怖袭击。2001年11月,美军搜出的一盘录像带证实：拉登与恐怖分子哈立德·哈尔比讨论过恐怖袭击美国。2004年,在确凿的证据面前,本·拉登才宣称：

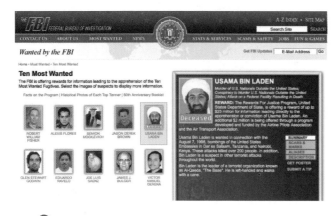

"9·11"袭击事件是我干的！看你怎么着！有本事来抓我！

本·拉登一直是美国联邦调查局通缉的要犯。2001年，美国联邦调查局追捕拉登的奖金涨到2 500万美元；2007年7月13日，美国参议院投票决定将奖金增加到5 000万美元。

美国联邦调查局十大追缉要犯通缉令——本·拉登在列

本·拉登留着大胡子，身高1.93米，清瘦挺拔，举止文雅，常常穿着绣金边的阿拉伯袍子，发表实施恐怖活动的讲话。

美国全球通缉抓捕本·拉登，代号为"曲轴"行动，但本·拉登曾6次逃脱。狡猾的拉登躲过三位美国总统任期内的追杀。长达10年之久，本·拉登杳无音信，似乎从地球上消失了。

6.3 运筹帷幄

怎样在全球寻找本·拉登呢？

美国国家侦察局说："侦察卫星不但能侦察，还能跟踪特种目标。"一种"显微示踪药剂"或"电子药丸"加在特制的食物或饮料中，进入某人身体，侦察卫星上的电子和摄影仪器便会对这个人进行跟踪。无论这个人走到哪里和躲在哪里，都无法逃出卫星的视野。

"9·11"事件发生后，美国中央情报局制定了一项"神秘果"计划，企图诱骗拉登上当，设计活捉拉登。但苦于找不到接近拉登的间谍，美国中央情报局一直没有实施"神秘果"计划。

2002 年 11 月 23 日，美国中央情报局审讯关押在关塔那摩监狱的基地组织成员卡赫塔尼。经过 48 天审问，卡赫塔尼最终招供："本·拉登有一位秘密信使，名字叫阿布·科威特。"2004 年，一个名叫哈桑的囚犯也透露，本·拉登非常信任的信使名字为阿布·科威特。

2007 年，美国中央情报局经过千辛万苦才知道这位信使的真实姓名——谢赫·阿布·艾哈迈德。中情局立即锁定信使的手机号码，并开始长达多年的定位、监听和跟踪。

"基地组织……炸弹……几个人……美国……杀死……小心！"2010 年 2 月，美国监听和破译了信使的密语电话。这次电话交谈出卖了艾哈迈德。信使常驾驶一辆白色汽车，车的备用车胎上印有一个白色犀牛。美国中情局特工开始跟踪这辆汽车。

2010 年 8 月，几名特工跟踪信使来到巴基斯坦东北部的开伯尔-普赫图赫瓦省阿伯塔巴德县附近的一个小镇——比拉尔。中情局最终锁定了艾哈迈德和他兄弟两家人的住所——比拉尔小镇的一栋三层建筑。

这栋房子大约造于 2005 年，位于一条狭窄泥泞小道的尽头。它占地面积 3 倍于邻近住宅，围墙高大约 5.5 米，顶端安置带刺铁丝网。整个建筑物分成多个部分，私密性极佳。房屋对外敞开的窗户极少，进入时需要通过两道大铁门。

"这会是拉登的藏身之处吗？"

"这不太可能！拉登藏身处应有恐怖分子守卫。你看！这栋楼外围无人巡逻，几乎没有人员进出。"几年前，这栋房子一度进入中情局视线，但没有成为监视目标。

"咱们再看看，一定要仔细！"

这里是不是本·拉登的藏身之处呢？

美国中央情报局特工在这栋房子对面租了一套房子。2011 年 2 月中旬，中情局人员确认：这座三层的建筑里住着 22 个人，不仅仅有艾哈迈德和他兄弟两家人，还有一个高个子男子。这名男子从不外出。

"奇怪了！这名高个子男子到底是谁？"数月来，中情局特工从不同的角度监视和观察着这个院子。为了不打草惊蛇，美国从不用飞机、直升机和无人

美军特种部队和阿富汗政府军搜遍每一棵小草、每一块石头，也没找到拉登

机侦察。

当地的老百姓说：这户人家不是我们当地人，也不知道是干啥的。这个院子里的主人从不出大门，也不与外人来往；没有电话，没有手机，也没有互联网；甚至不倒垃圾，而是自己焚烧垃圾。这太不正常了！

一天，两位巴基斯坦医生来到这座院子的大门前："大婶，我们是防疫站的医生。孩子们要打麻疹疫苗。这是送给孩子们的脊髓灰质炎糖丸。打针是预防麻疹，糖丸防止小儿麻痹症，不然会瘸腿残疾的。请把孩子们叫来吧！"

"你……，我……，我们不知道！我们没有钱……"

"这是国家的免费项目，不要钱。"

"不，不，不，……孩子们很健康，不要打预防针。"

中央情报局特工以打预防针为名，想提取院子里小孩的 DNA，但遭到拒绝。根据口音，这个大婶不像本地人，带有浓郁的阿拉伯语口音。这更引起中央情报局的怀疑。美国中情局推测：这里很可能是本·拉登藏身之地。

在美国弗吉尼亚州费尔法克斯县斯普林菲尔德的贝尔沃堡，有一个美国国防部的秘密情报机关——美国国家地理空间情报局。它的前身是美国国家图像与测绘局。

地理空间情报是利用各种卫星的太空技术进行太空侦察的学科，包括摄影测量学、地图学、图像分析学、遥感学和地形分析学。地理空间情报包括图像、图像情报和地理空间信息。美国国家地理空间情报局利用"长曲棍球"合成孔径雷达侦察卫星、"锁眼-12"号照相侦察卫星、"地理"测绘卫星、"陆地"地球资源卫星等获得大量照片、数据和信息。

美国国家地理空间情报局全天候收集电光侦察卫星、合成孔径雷达卫星、光谱卫星等侦察卫星的固定和移动目标信息，搜集红外、中波、短波红外、光谱等情报。它分析、描述、评估、可视化描述地球物理、化学的数据和特征，以及地理活动，提供正确、准确和精确的情报。现在，他们开始大显身手了。

美国国家地理空间情报局局徽

"长曲棍球"雷达侦察卫星

利用卫星给这个院子和房屋做体检，简直小菜一碟。

美国中情局、美国国家安全局和美国国家地理空间情报局，利用卫星和其他监视设备对这个院子进行了更细致的研究。

"锁眼-12"号照相侦察卫星能拍摄分辨率0.1米的照片，可以看清人数和体型。"长曲棍球"雷达侦察卫星安装了合成孔径雷达，具有透视建筑、地面和地下的功能，能分辨房屋的层次、结构和尺寸。"地理"测绘卫星能精准测绘院子、房屋的所有结构和面积等数据。"陆地"地球资源卫星拥有红外、多光谱侦察的能力，能看清室内的人员数量和移动行走状况，以及电器、锅灶等位置，精准分析院子和房屋的内部布局和设施。

美国"长曲棍球"雷达侦察卫星、"锁眼-12"照相侦察卫星、"地理"测绘卫星照片显示：这是一座三层楼房，坐落在一条狭窄的泥泞小路尽头。2005年6月15日，美国数字地球公司的"世界图像-1"号成像卫星照片，证明这座楼房已经建成。

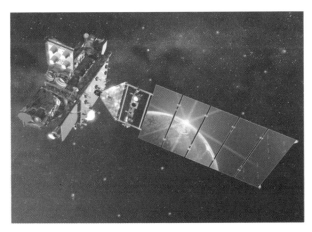

"地理"测绘卫星

"世界图像-1"号成像卫星

雷达卫星

雷达卫星可以扫描地球。地球的地层岩石、地理地貌、房屋建筑的结构都有各自的物理参数，如颜色、硬度、密度、磁性、电性、放射性等，各不相同。卫星上安装了各种重力、磁力、电磁和放射性的探测仪器。

⬆ 加拿大的雷达卫星

雷达卫星给地球做体检，如同医院里的彩超机、磁共振机给病人体检，定量定性、纵横切片。卫星采集地球重力、磁力、电磁反射、放射性射线的物理信号，从中发现异常信号，分析出各种图像和数据。

⬆ 雷达卫星图像（彩色）：卡塔尔的多哈

光谱卫星

光谱卫星，是一种利用光学频谱进行探测和侦察的卫星。

各种物体都会发射、吸收和散射各种光谱。根据不同的波长，光谱分为：可见光谱、红外光谱和紫外光谱等。人类的眼睛可以看见可见光谱，但看不见红外光谱与紫外光谱等。科学家研制出光谱仪和传感器，可以看见、拍摄和成像各种光谱照片，让看不见的物体立马呈现，无处躲藏。

根据光谱成像技术，光谱仪和传感器可分为多光谱仪、高光谱仪和超光谱仪。多光谱仪拥有 10~20 个光谱通道；高光谱仪拥有 100~400 个光谱通道；超光谱仪可达到 1 000 个光谱通道。光谱通道越多，性能和效果越好。光谱成像技术是光谱分析技术和图像分析技术的结晶。光谱卫星采用光谱成像技术，成为最先进的卫星。

⬆ 欧洲太空局"哨兵-2"号多光谱卫星

光谱卫星安装了各种光谱仪、传感器，能拍摄和成像各种光谱图像：多光谱图像、高光谱图像、超光谱图像和光谱信息。根据光谱图中的特征谱线，可进行光谱定性分析，能检测物体的物理结构、化学成分等。光谱卫星具有光谱分辨能力、图像分辨能力，还可对物体进行定性和定量分析，甚至能进行定位分析。

⬆ 多光谱卫星成像提供的图像：同一个地方，不一样的图像

美国国家地理空间情报局确认了这座楼房的精确位置。

这里距离巴基斯坦军事学院约 1.3 千米，距离阿伯塔巴德县中心 4 千米，距离首都伊斯兰堡 269 千米，距离巴基斯坦东边的阿富汗边境 160 千米，距离印度边境大约 32 千米，距离中国边境 200 多千米。

美国国防部很纳闷：谁为本·拉登安排这么好的地方——地方隐蔽、交通发达、逃跑极方便。

这座楼房四周的混凝土围墙高 3.7~5.5 米，墙头上有带刺的铁丝网。两道铁门，再通过一个小门才能进入楼房的院子。朝马路的房间窗户上都有栅栏和贴纸，看不到里边的情况。这与当地老百姓的房子太不一样了。

"长曲棍球"雷达侦察卫星能拍摄透视照片。它为这座三层楼房拍摄了透视照片，像医院里的磁共振机一样定量定性、纵横切片，描绘了三维效果图。"长曲棍球"卫

2005 年 6 月 15 日，"世界图像–1"号成像卫星拍摄的本·拉登住宅

星惊奇地发现：在第三层的阳台上，有一个 2.1 米高的密室，足以隐藏 1.93 米的本·拉登。

中央情报局特工全时空监视这座三层楼房。这里居住着 22 个人，大多数是妇女和儿童。一名高高的男子留着大胡子，每天穿着阿拉伯袍子，在院子里慢慢地散步。这名男子与本·拉登的特征太像了。中情局给他起了一个代号——"步行者"。

"步行者"到底是不是拉登呢？"锁眼–12"号卫星拍摄的照片和录像，能看清这名男子的动作和身体特征，但看不清这个男子的面貌。

卫星特意拍摄了这名男子散步时留在地面上的影子。根据阳光下影子的长短，数学家计算后认为：此人身高在 6 英尺 5 英寸，大约 1.95 米。情报人员推测：这个人就是本·拉登！本·拉登及家人就住在三楼。

2010 年 11 月，美国国家反恐中心提出 38 个击毙本·拉登的方案，其中包括直升机攻击、B-2 隐形轰炸机轰炸等方法。

反恐专家奥德丽·托马松认为：轰炸能消灭本·拉登，但不能鉴定是不是本·拉登本人，可能会伤害无辜的人和孩子们，还销毁了拉登与恐怖分子、恐怖国家联系的罪证。因此，派遣特种部队空降是最佳选择。

美国国防部提议与巴基斯坦军队联合行动，反恐专家奥德丽·托马松和奥巴马总统认为：美军应该单独行动。巴基斯坦会将消息告诉有关国家和本·拉登。

在北卡罗来纳州，美军建造了一座 1∶1 的本·拉登住所模型，进行实战训练。本来还想防止本·拉登从地道逃跑，但美国国家地理空间情报局提供的卫星图像显示：本·拉登住宅附近地下水位很高，没有也不可能有地道。

看来击毙拉登，如同瓮中捉鳖。

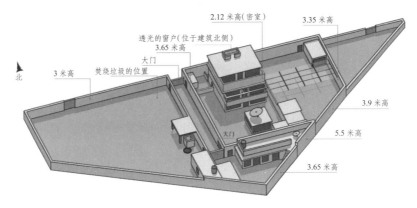

↑ 本·拉登藏身处的示意图：高高的混凝土墙和铁丝网环绕着住宅

↑ 本·拉登的住宅

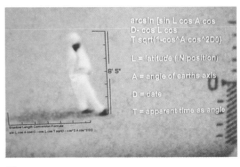

↑ 数学家设计了一套计算身高的公式，计算得出此人身高在 6 英尺 5 英寸，约 1.95 米

6.4 击毙本·拉登

美军特种作战部队准备突袭，代号"海神之矛"行动。

美国东部时间 2011 年 4 月 29 日上午 8 时 20 分，美国总统奥巴马下令：美国特种作战司令部司令威廉·麦克雷文在美国国防部军事指挥中心指挥，美国中央情报局特别行动组、美国海军"海豹"突击队、美国陆军第 160 特种作战航空团作战。"海神之矛"行动开始！

2011 年 5 月 1 日，美军 79 名突击队员；6 架"黑鹰"直升机，装备 50 毫米机枪，从阿富汗东部贾拉拉巴德的巴格拉姆空军基地起飞，悄悄前往本·拉登藏身之处。

美国海军"海豹"突击队负责击毙本·拉登。突击队员装备卡宾枪、突击步枪、夜视镜、红外指示仪、防弹衣和手枪。枪支均安装了消音器。击毙本·拉登的暗号是"杰罗尼莫"，意思是"敌人在行动中被击毙"。

参战的一只军犬名叫"开罗"。它的任务是：任何人试图逃跑，就跟踪扑倒，并提醒任何接近的巴基斯坦安全部队离开。开罗还有一项任务：帮助寻找隐蔽的房间以及隐藏的本·

"海神之矛"行动开始

拉登。

美军在巴格拉姆机场还秘密部署了两架"支奴干"武装直升机，与两支共24人的"海豹"突击队，组成一个快速反应部队。快速反应部队的任务是随时待命支援，必要时从机场赶赴战场。"支奴干"武装直升机配备了7.62毫米机枪。

快速反应部队还有一项任务：阻止巴基斯坦任何企图军事干扰突袭的行动。

美军还有25架"支奴干"武装直升机，驻扎在边境。如果在阿富汗的突袭行动发生意外，就进行增援。另外，一批战斗搜救直升机也在等待救援命令。

这次袭击计划在一个没有月光的黑夜进行。

这样，直升机就可以"低到树梢，不被发现"地进入巴基斯坦。直升机利用丘陵地形、隐形技术、电子干扰和低空飞行悄悄前进。哪怕飞掠雷达站，直升机也不出现在雷达上，避免提醒巴基斯坦军方。从巴格拉姆空军基地到阿伯塔巴德县比拉尔，飞行约90分钟。一切都要静悄悄！

一架 RQ-170 号"哨兵"隐形

⬆ "海豹"突击队队员的高科技装备

⬆ "海豹"突击队队员的武器

⬆ 以上帝和国家的名义——杰罗尼莫

无人机盘旋在三层楼房的上空，拍摄"海神之矛"行动的夜视图像。"哨兵"隐形无人机将夜视图像通过"类星体"军事中继卫星、"军事星"通信卫星，直播到白宫情报室、中央情报局总部、美国国防部和驻伊斯兰堡的美国大使馆。

白宫情报室位于白宫西翼的地下室，是一间513.3平方米的会议室和情报管理中心。这里号称"总司令部"。它由国家安全委员会的工作人员为美国总统和他的顾问，包括国家安全顾问和国防部参谋长监测和处理危机。

总统在这里指挥世界各地的美军司令部。白宫情报室配备先进的安全、通信系统。6台高清平板电视机和最先进的通信设备，可以连通各国总统，美军各大司令部，甚至战场上的一个士兵。

2011年5月1日晚8时，一场现场直播击毙拉登的大戏开演了！

美国总统奥巴马、副总统拜登、国防部长盖茨、美国空军副司令韦伯、国务卿希拉里·克林顿等聚集在白宫情报室，通过"哨兵"无人机的直播，等待"海神之矛"的战果。

2011年5月2日凌晨1时，中情局特工按预定时间切断拉登家的电源。小楼的房子里漆黑一片。美国海军"海豹"突击队突然空降，进行攻击。当在目标上空盘旋时，第一架直升机尾部与高高的围墙剐蹭，损害尾旋翼，滚到一边翻倒；其他直升机不顾一切降落。突击队队员"嗖"地一下攀上墙头，蜂拥而入，冲进房门。

美国总统奥巴马等在白宫情报室观看击毙本·拉登直播

看到上图中挤在壁橱前只露出一个头的那个女特工了吗？她是反恐专家——奥德丽·托马松。"海神之矛"行动就是由这个小个子女人制定的。奥巴马不让通知巴基斯坦参战，也是她的主意。

当时，白宫情报室的气氛非常紧张。拜登副总统撅着嘴神情严肃；奥巴马总统缩着脖子蹲在角落；国务卿希拉里·克林顿紧张地捂住嘴……

"哒，哒，哒哒哒哒……"枪声轻而干脆。在一楼、二楼，"海豹"突击队消灭了3名恐怖分子。当冲上三楼，"海豹"突击队士兵罗布·奥尼尔看见一个更高、更瘦的大个子推着一个女人当挡箭牌。女人准备逃跑，那人死死拉住不放。

奥尼尔一面高喊"以上帝和国家的名义——杰罗尼莫、杰罗尼莫、杰罗尼莫"，一面开枪。高个子蹦了一下，立马倒下了。他就是善打闷棍的老手——

“海豹”突击队突然空降

本·拉登，这次被“海豹”突击队打了闷棍。

本·拉登被一颗子弹击中左眼，脑浆和鲜血从头骨中流出来，他还在垂死挣扎。罗布·奥尼尔和战友们对准其胸部又开了几枪，直到本·拉登停止挣扎为止。

美军迅速搜索，拍照，提取样本。本·拉登在白色阿拉伯袍子里面写了500个电话号码。

“海神之矛”行动的战术要求是快、准、狠。“海豹”突击队原先预定进入和退出的时间是38分钟，实际提前15分钟完成。“海豹”突击队缴获3支AK–47冲锋枪、2支手枪、6台电脑的硬盘驱动器，大量优盘、电子设备、秘密文件等。

后来，希拉里描述这次行动过程的情景：“我生命中最紧张的38分钟。”

“海豹”突击队发动攻击

奥巴马叹了一口气说：“这可能是我一生最难忘的38分钟。”

被击毙的到底是不是本·拉登呢？美军使用多种方法来确认。

1. 身体测量。尸体有1.93米。

2. 面部识别。尸体照片传递给位于弗吉尼亚州兰利的中情局总部，面部识别系统分析确认：95%匹配本·拉登。

3. 亲属识别。两个在场的妇女，包括本·拉登的一个妻子确定，这个尸体就是本·拉登的。

4. DNA测试。本·拉登的姐姐死于脑癌，美国有她的DNA标本。此外，美国国家侦察局和中情局实验室拥有本·拉登家族和孩子的DNA图谱，利用尸体上采集的DNA样本进行比较，确认他就是本·拉登。

因为世界上没有一个国家愿意接收本·拉登的遗体，他的尸体进行了海葬，当了鱼饵。

击毙本·拉登的行动，再次显示了卫星情报的威力。

6.5 太空反恐

"9·11"事件发生后，美国政府认定：恐怖主义头目、擅长打闷棍的本·拉登是恐怖袭击事件头号嫌犯；那些"支持恐怖分子的政权"为"邪恶轴心国"，威胁世界和平。

美国总统小布什宣布：向恐怖主义开战，开始全球反恐战争！

全球反恐战争的目标：消灭恐怖分子和支持恐怖分子的政权。

全球反恐，也飞上了太空。

2001年10月7日，美国发动阿富汗战争，消灭了藏匿的基地组织恐怖分子，推翻了塔利班政权。2003年3月20日，美国发动伊拉克战争，将大独裁者萨达姆赶下台，并最终绞死。2011年，利比亚爆发反对卡扎菲的内战。沙漠雄狮、沙漠大酋长、非洲土皇帝——卡扎菲政权覆灭。伊斯兰恐怖分子如惊弓之鸟，四处逃窜，但绝不甘心。

2006年10月，基地组织伊拉克分支头目阿布·贝克尔·巴格达迪宣布，

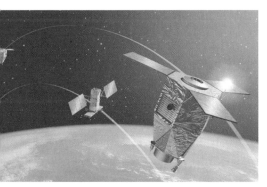

太空反恐：从地球到太空，建立全球军事侦察卫星网

太空反恐：从太空到地球，运用先进技术侦察恐怖活动

伊拉克与大叙利亚伊斯兰国成立了！巴格达迪说："我们国家包括叙利亚、黎巴嫩、约旦、以色列和巴勒斯坦。"这个由基地组织主政的酋长国率领各派恐怖分子，纷纷与伊拉克政府对着干，在伊拉克各地攻击美军，美军伤亡惨重。

正当全世界都期盼美军攻打这个酋长国的时候，美国竟撤军了。2011年12月18日，美军驻伊拉克军队降下了军旗，关闭了驻伊总部，向伊拉克移交最后一座军事基地。最后一批美军撤离伊拉克了。

这标志着，历时近9年的伊拉克战争正式宣告结束。其实，美军占领伊拉克后，日子并不太平。

美军为什么撤离伊拉克？这是一个谜！

👆 "锁眼-12"号照相侦察卫星，能拍摄分辨率10厘米的光学照片

👆 "导师"电子侦察卫星监听恐怖分子的通信，分析声纹、音频和内容，确认坐标后攻击

未来一个时期，世界将进入全球反恐战争时期。

虽然消灭了阿富汗和伊拉克的恐怖分子，但恐怖主义并没有在全球消失，反而肆意蔓延。伊斯兰极端组织和恐怖分子渗透到西方和阿拉伯各个国家，到处制造恐怖袭击和破坏，杀人放火、无恶不作。恐怖分子拥有充足的经济来源，各种武器源源不断。

根据卫星侦察的情报，美国国家侦察局、中央情报局和国家安全局专门制作了一幅卫星地图——恐怖分子在全世界各地的分布。恐怖分子数量竟然达到15万，分别属于几十个极端组织。

美国战略专家提出："反恐，如同大炮打蚊子，太难了！我们必须将那些杀人越货的坏蛋装在一个篮子里！"一个请君入瓮的秘密计划——"臭鸡蛋"计划诞生了。"臭鸡蛋"计划又分为几十个作战行动，分期分批，各有重点，秘密进行。

"臭鸡蛋"计划的目标：第一，让全世界的极端组织和恐怖分子集中到一起，一举歼灭；第二，将恐怖分子这股祸水引向叙利亚境内极端组织聚集区；第三，将赞助和支持恐怖分子的国家拖入战争和恐怖主义的深渊。

若要实现"臭鸡蛋"计划，必须达到三个条件：第一，美军撤离伊拉克，为恐怖分子让出地盘；第二，伊拉克必须牺牲摩苏尔、费卢杰等城市；第三，美国等西方国家从经济等各方面补偿伊拉克。

"臭鸡蛋"计划悄悄拉开了帷幕！

⬆ 伊拉克军队做好战斗准备

6.6 "臭鸡蛋"陷阱

为了不让极端组织和恐怖分子在全世界蔓延，也为了美国和西方国家的安全，美国必须设计巧妙的计谋。美国中央情报局派遣很多间谍，打入极端组织内部，获得极多情报和信息，甚至左右极端组织的决策、战略。

间谍们都很能干，能提供各种真实的情报、大量的资金和武器，因此得到重用和提升，成为大大小小的头目。间谍们提出一个个好主意，令恐怖分子们乐开了花。恐怖分子们哪里知道，这些都是欧美间谍机关下的蛋。

2014年1月，在经过数天激烈战斗后，"伊拉克与大叙利亚伊斯兰国"的恐怖分子攻占了伊拉克安巴尔省的重镇——费卢杰和首府拉马迪。

2014年6月10日，"伊拉克与大叙利亚伊斯兰国"攻占伊拉克的摩苏尔。这是恐怖分子在伊境内控制的最大城市。

恐怖分子庆祝夺取摩苏尔

摩苏尔，伊拉克尼尼微省的首府，伊拉克第二大城市，人口大约 150 万。历史上，摩苏尔长期作为"丝绸之路"上的一个中间站，连接小亚细亚和波斯湾。这里有高速公路与叙利亚、土耳其和伊朗相通，也有铁路与周边国家相连。摩苏尔拥有伊拉克北方最大油田和最完备的炼油设施，具有十分重要的经济和战略位置。一座大水库和发电站更让摩苏尔成为伊拉克的天堂。

据秘密情报显示，恐怖分子十分看好摩苏尔。那就来吧！

2014 年 6 月 29 日，"伊拉克与大叙利亚伊斯兰国"领袖阿布·贝克尔·巴格达迪在摩苏尔的努里大清真寺宣布："伊拉克与大叙利亚伊斯兰国"更名为"伊斯兰国"，首都为叙利亚的拉卡。

"伊斯兰国"覆盖伊拉克西部和叙利亚东部的辽阔内陆地域，人口 800 万。巴格达迪宣称："伊斯兰国"将拥有整个伊斯兰世界，包括历史上阿拉伯帝国曾统治的地区，拥有政治、军事、经济和宗教的绝对权威地位。

那些潜伏在"伊斯兰国"的间谍们出了个馊主意："伊斯兰国"应该向全世界招兵买马！招募"圣战者"，壮大力量。

一时间，"伊斯兰国"的成千上万个网站公开招募"圣战者"。

这时，各国的恐怖分子们纷至沓来，当然也包括许多美英间谍。在"伊斯兰国"，各种动机、肤色和语言的极端分子汇集在一起，得意忘形、热闹非凡。

2014 年 7 月 10 日，伊拉克政府军第 9 装甲师在巴格达北部安巴尔的战斗中被完全打败，坦克、装甲车、火炮等重型武器全部落入恐怖分子之手。伊拉克安全部队也被打得丢盔卸甲，毫无招架之力。伊拉克和西方媒体的电视大肆宣扬：政府军穿着破衣烂衫四处逃窜，第 9 装甲师师长等被撤职和审判。

2014 年 8 月 3 日，"伊斯兰国"与伊拉克库尔德武装交战，大获全胜，占领伊拉克最大的水坝、一处油田和三座城镇。2015 年 2 月，"伊斯兰国"砸毁位于摩苏尔博物馆里的文物古迹和许多大清真寺。

从当时的新闻看，"伊斯兰国"攻城略地，所向无敌，伊拉克、叙利亚政府军根本不是他们的对手，被打得狼狈不堪。

几个秘密支持"伊斯兰国"和极端组织的国家纷纷报道恐怖分子的战绩，夸耀恐怖分子的战斗力，特别鄙视伊拉克、美欧的无能和无可奈何。

人们就纳闷了：为什么恐怖分子战斗力这么强，如入无人之境？为什么堂堂的伊拉克政府军毫无招架之力？为什么大批城镇轻易落入"伊斯兰国"的魔爪？

这时，美国中央情报局、伊拉克情报局偷偷地笑了。

醉翁之意不在酒，在乎山水之间也！

2014年8月，"伊斯兰国"与叙利亚政府军在东北部激战多天，造成500多人死亡。8月24日，"伊斯兰国"攻占叙利亚重要空军基地——塔卜卡空军基地，缴获大批战机和弹药。这意味着叙利亚拉卡省彻底落入"伊斯兰国"武装控制之下，也成为第一个完全不受叙利亚政府控制的省份。"伊斯兰国"武装曾占领多个叙利亚军事基地。恐怖分子斩首叙利亚士兵，惨不忍睹。

2014年9月16日，"伊斯兰国"开始进攻叙土边境城市艾因阿拉伯，造成662人丧生。10月11日晚，"伊斯兰国"的恐怖分子在伊拉克的巴格达等地，接连发动汽车炸弹袭击，造成至少45人死亡和110人受伤。

"伊斯兰国"到处爆炸暗杀、杀人放火，直至攻城略地，抢占油田，大批百姓成为难民。"伊斯兰国"装备有各种武器，包括坦克、装甲车、火炮、地空导弹、反坦克导弹，甚至一些飞机。他们武装到牙齿，已成为世界上最恐怖、最强大，也最富有的恐怖组织。

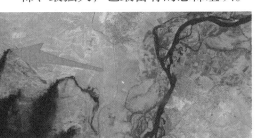

⬆ 2016年10月18日，摩苏尔争夺战的红外照片：石油大火和基础设施的破坏情况

➡ 卫星照片："伊斯兰国"的几个基地

"伊斯兰国"占据摩苏尔后，把这座城市打造成政治、经济中心和军事指挥中枢。它的大多数高级官员都驻扎在摩苏尔，很多重要决定都是在摩苏尔做出，摩苏尔成为"伊斯兰国"的实际"首都"。

当"伊斯兰国"招摇过市的时候，美英和伊拉克间谍还陆续渗透进入"伊斯兰国"，提供了大量情报。

美英法等国侦察卫星详细侦察"伊斯兰国"的基地、人员、装备、部署和战略战术。行了！现在该轮到给"伊斯兰国"放血了！

为了"臭鸡蛋"计划，美国空军派遣各种无人机直接参加战斗。美国国家侦察局、美国空军出动 10 多种 30 多颗卫星："锁眼–12"号照相侦察卫星、"长曲棍球"雷达侦察卫星、"黄玉"合成孔径雷达侦察卫星、"导师"电子侦察卫星、GPS 导航卫星、"秃鹰"导弹预警卫星、"秃鹫"导弹预警卫星、"先进极高频"通信卫星、"机动用户目标"通信卫星、"宽带全球"通信卫星等，支持作战。

"臭鸡蛋"计划完全是一个阴招：每当"伊斯兰国"招募恐怖分子达到一定数量时，就"引蛇出洞"消灭一批，如此轮番屠杀。当恐怖分子遭到一次打击大批死亡，西方和伊拉克媒体从不向外报道，最多轻描淡写；小打小闹击毙几个，却大肆报道。如果恐怖分子炸死几个美军，更是大肆宣扬，唯

摩苏尔的老百姓纷纷逃离家园

在摩苏尔战役中，"伊斯兰国"炸毁了历史悠久的努里大清真寺

美军第 101 空降师特遣队炮击恐怖分子　　　美军中央司令部正在研究一处"伊斯兰国"基地

恐天下不知。

　　每当恐怖分子死亡一大批，互联网上的"伊斯兰国"招募网站就招募一批，如此源源不断。招募口号充满激情也相当悲壮，世界各地"壮怀激烈"的恐怖分子前赴后继、纷至沓来。美国中央情报局、伊拉克情报局又笑了：小子，演出马上开始了！

6.7 "坚定决心"行动

　　2014 年 6 月 15 日，美军悄悄发动攻击，代号"坚定决心"行动，对摩苏尔的恐怖分子阵地频繁进行空袭和轰炸，尽量为地面进攻扫清障碍。2014 年 9 月，为了掩盖真正目的，美国、英国、法国等 54 个国家以及欧盟、北约、阿盟等组建了一个军事联盟——"国际联盟"，联合打击"伊斯兰国"。

　　在"坚定决心"行动中，"国际联盟"战机出动了大约 4 100 架次，包括侦察、加油与轰炸等。在太空中，美国、英国、法国及阿拉伯国家的卫星一天到晚飞越在"伊斯兰国"上空，实施侦察，精确定位各种战略战术目

"坚定决心"行动开始

🔊 B-1B轰炸机在"坚定决心"行动中发动攻击

🔊 2014年10月，美国海军 F/A-18F"超级大黄蜂"从"卡尔文森"号航空母舰起飞，支持"坚定决心"行动

标，无一漏网。

截至 2016 年 3 月 9 日，在"坚定决心"行动中，"国际联盟"的战斗机发动过近 11 000 次空袭，击毙"伊斯兰国"约 27 000 名恐怖分子，攻击了超过 22 000 个军事目标。

2016 年 6 月 12 日，在"坚定决心"行动中，"伊斯兰国"的 120 名领导人、指挥官、宣传员、招聘人员等丧生。许多恐怖分子纷纷逃离"伊斯兰国"，伊拉克军警严密搜查和追捕，绝大部分又落网。

截至 2016 年 7 月 27 日，"国际联盟"进行超过 14 000 次空袭，美国执行了 11 000 次轰炸。到底炸死多少恐怖分子呢？极多，但数字保密！

2016 年 8 月 21 日，美国陆军第 18 空降军执行"坚定决心"行动，打击"伊斯兰国"。位于美国布拉格堡的举世闻名的第 82 空降师，位于坎贝尔堡的第 101 空降师都派部队参加作战。自 2014 年 8 月 8 日，美国第一次空袭"伊斯兰国"两年里，美国军方为"坚定决心"行动已花费 84 亿美元。

"臭鸡蛋"计划十分顺利！自摩苏尔被"伊斯兰国"占据以来，伊拉克政府军和地方部队拖住了"伊斯兰国"恐怖分子，并进行了无数次激烈战斗，逐渐控制了摩苏尔附近一些战略要地，切断了摩苏尔与外界联系的主要通道，为最终收复摩苏尔创造了条件。

据绝密情报透露："伊斯兰国"的恐怖分子准备逃离摩苏尔。这是绝不可能允许的！

从 2016 年 3 月 24 日到 2016 年 9 月 22 日，伊拉克政府军发动"法塔赫"行动，向摩苏尔和周围地区集结了大量部队，对摩苏尔形成包围之势。伊拉克还部署了各种战机、坦克、导弹等重型攻击装备，渐渐收紧包围圈。

同时，为了减少平民伤亡，伊拉克政府通过电台、电视台、网络媒体和散

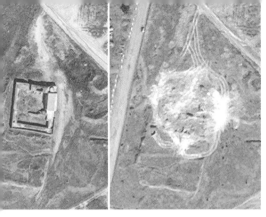

发传单等途径，呼吁当地居民尽快撤离。从2016年4月开始，大量居民撤出摩苏尔。

10月14日，"伊斯兰国"处决了58名间谍和涉嫌叛乱的人，后来又斩杀了一些试图逃跑的平民。

2016年10月17日凌晨，伊拉克总理阿巴迪向全世界宣布：收复

摩苏尔战役正式开始！这次战役的代号为："我们来了，尼尼微！"

同一天零点，美国下令：斩断喉舌！

"伊斯兰国"和恐怖分子在全世界经营的1万多个招募网站和圣战网站，一夜之间全部关闭。

伊拉克政府军第1师、第15师、第16师、第9装甲师，伊拉克空军，伊拉克特种部队，4万名库尔德自治区部队，5.4万名逊尼派和什叶派民兵等，共计近15万兵力，准备解放摩苏尔。

10月21日，"伊斯兰国"处决了284名男子和男孩。因为他们被围捕后，不愿意作人体盾牌。据说，550个家庭被用作人体盾牌。

战术专家预计："伊斯兰国"不会轻易缴械投降。这场战役将异常艰苦！伊拉克政府军和快速反应部队斗志高昂，发誓将"伊斯兰国"和恐怖分子全部消

↑ 伊拉克政府军迅速挺进

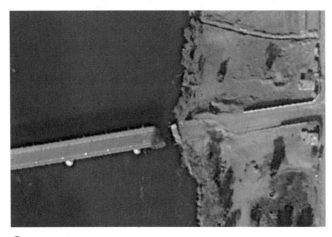

↑ 卫星照片：美军炸断了摩苏尔的主要桥梁，切断了"伊斯兰国"恐怖分子的退路，但也困住了平民

记者问道：为什么以前"伊斯兰国"将第9装甲师打得丢盔弃甲？为什么现在第9装甲师把"伊斯兰国"打得灵魂出窍？纳扎勒中将笑道：以前是表演，逼真的表演……现在！只可意会不可言传！

灭，争取毕其功于一役。

伊拉克政府军、反恐部队、坦克部队步步紧逼，从北、东、南三个方向挤压恐怖分子，剩下叙利亚方向的西面网开一面。一些恐怖分子赶紧越过伊拉克与叙利亚边境，逃入叙利亚及拉卡地区，参加与叙利亚政府军的作战。

2017年3月8日，伊拉克政府军司令发出最后通牒："恐怖分子们，你们已经无处可逃了，要么投降，要么战死！"

4月10日，伊拉克政府军完全包围了摩苏尔。

5月，伊拉克政府军收复摩苏尔的战役进入决胜阶段。

2017年5月4日起，伊拉克政府军第9装甲师从北侧攻入西城多个街区，与"伊斯兰国"武装分子激战。

5月9日，第9装甲师师长卡西姆·贾西姆·纳扎勒中将宣布：第9装甲师大获全胜，争取在5月27日左右的斋月到来之前结束摩苏尔战事。

5月初，在西线战场上，伊拉克

警察部队和反恐部队联合攻入瓦迪·阿卡布区。战事进展顺利。反恐部队发言人说："反恐部队已完成90%的预定作战任务。"他估计，仍有约400名"伊斯兰国"武装分子控制部分西城街区，负隅顽抗。伊拉克境内恐怖分子的死期到了！

"伊斯兰国"将平民用作人肉盾牌，在各个建筑物中安放炸药，企图阻挡伊拉克特种部队的进攻和扫荡。5月底到6月初，恐怖分子枪杀了231名试图逃离摩苏尔的平民，激怒了伊拉克政府军。

摩苏尔正上演二战以来最惨烈的巷战，战斗异常艰苦而残酷。伊军特种部队全副美式装备，为了信仰和祖国，他们一栋房子一栋房子、一个街区一个街区地激战。

2017年6月18日，伊拉克政府军联合部队开始对摩苏尔老城——法鲁克区发动最后的攻势。6月21日，"伊斯兰国"武装分子炸毁了努里大清真寺和宣礼塔，还反诬"国际联盟"空袭炸毁了努里清真寺。伊拉克总理阿巴迪表示，"伊斯兰国"摧毁努里清真寺的行为，是承认失败。

2017年7月9日，伊拉克总理阿巴迪宣布，摩苏尔全城解放。至此，"我们来了，尼尼微！"行动共计267天，歼灭"伊斯兰国"近2

↑ 2017年4月19日，伊拉克第1师士兵检查和清理缴获的迫击炮弹

↑ 摩苏尔，成为一片废墟

万名恐怖分子，几乎没有俘虏。"伊斯兰国"在伊拉克彻底被摧毁。

"臭鸡蛋"计划十分成功！"臭鸡蛋"计划是反恐战争的杰作，是反恐战争中的经典战略战术，为反恐战争指明了方向，也为未来反恐战争描绘了新的蓝图。

你看见的不一定是真的，你听见的可能是假的。太空反恐，俯瞰地球风云，让迷雾清晰，让计谋模糊，翻云覆雨之间，独霸地球。

太空反恐，"国际联盟"已经调转剑锋，直指位于叙利亚的"伊斯兰国"首都——拉卡！伊拉克反恐部队将越境强入叙利亚，将战火烧向恐怖分子的最后葬身之地——代尔祖尔。

一场新的"臭鸡蛋"计划已经开演！

🎧 胜利在望——2017 年 2 月 20 日，美国国防部长詹姆斯·马蒂斯在巴格达会见伊拉克国防部长

第7章 空反导

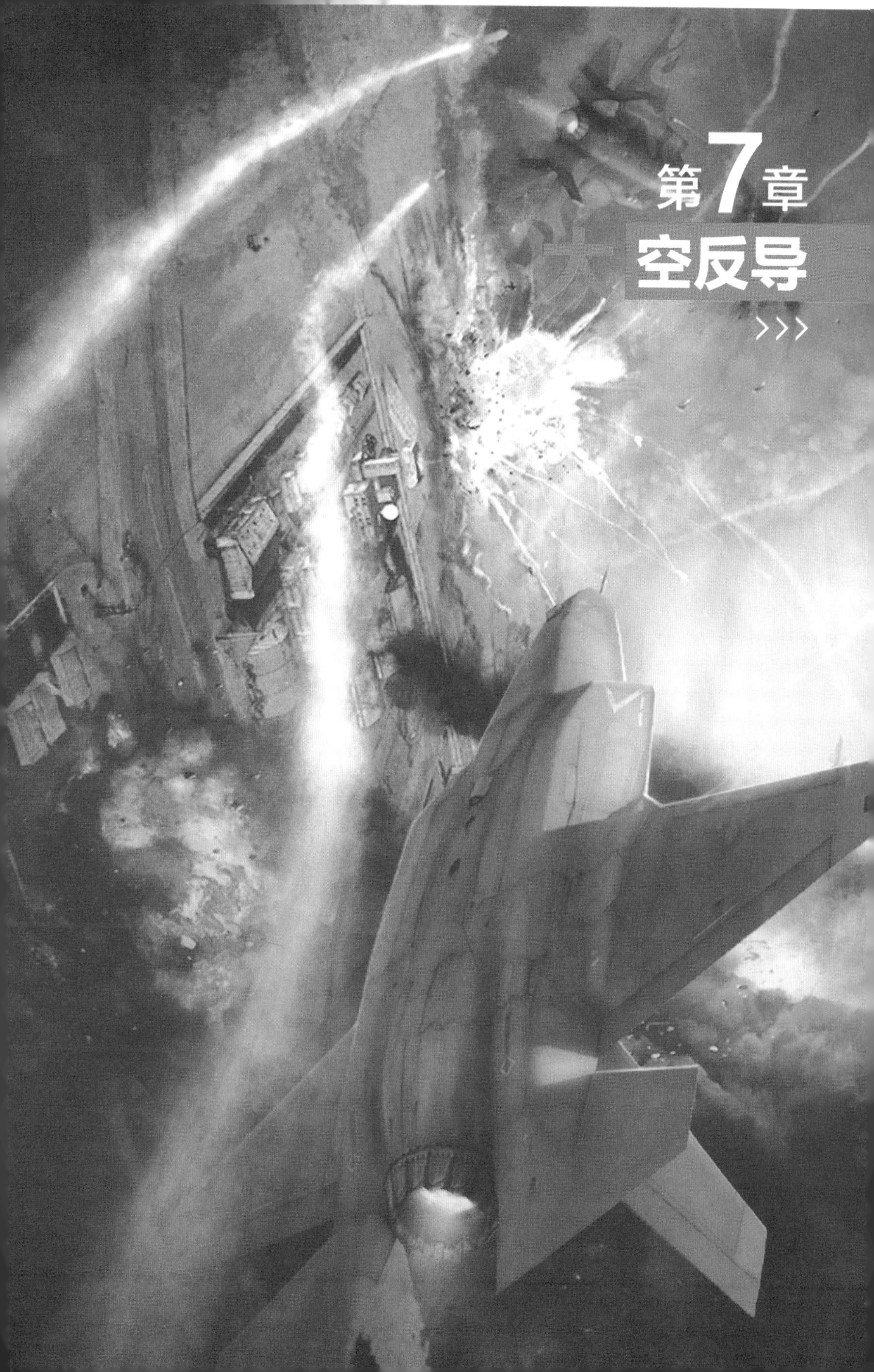

反导卫星非常可怕！它能欺骗、诱拐、劫持、指挥导弹，也能忽悠卫星、坦克、战机、军舰等各种武器。反导卫星正急速进化，摇身一变，演变出各种反卫星、反坦克、反战机、反军舰等的新式武器。这些高科技和武器可能会改变生死胜负、战争规则、历史进程和世界格局。反导卫星，为谁敲响丧钟？

7.1 导弹传奇

　　导弹，是一种利用制导和导航系统控制飞行，摧毁目标的飞行器。

　　导弹主要由战斗部或弹头、制导系统、发动机和弹体等组成。战斗部可以核弹、炸弹、化学战剂、生物战剂和电磁脉冲为弹药。它的特点是射程远、精度高、威力大、突防能力强。

　　为什么导弹这么重要？导弹是一种精确攻击武器，指哪儿打哪儿。战术导弹的攻击精度在 1 米以内，战略导弹的攻击精度可达 50 米以内。导弹头部有一个导引头。它一面飞行，一面探测、确认方位和目标，一面不断修改飞行航线，直达目标。

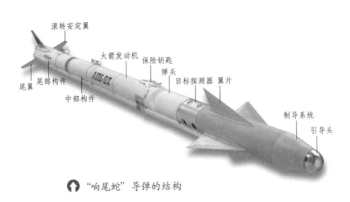

　　"响尾蛇"导弹的结构

　　导弹是怎样精确攻击的呢？导弹，导弹，就是控制和引导弹头攻击目标，称为制导。怎样控制和引导弹头，称为制导方式。导弹的主要制导方式：惯性制导、雷

达制导、红外制导、卫星制导、激光
制导等。

在武器中，导弹最聪明！导弹可
以按照原先指定的指令飞行，也可以
接收新指令变换航线飞行，甚至在最
后一秒钟改变航线。如果遭到拦截，

美国"标准-3"导弹的红外导引头

它会上下左右偏航飞行，甚至90°、180°、360°转弯飞行。最聪明的导弹还会
识别真假目标，紧紧盯住真目标，直至消灭敌人。

导弹怎样消灭敌人呢？战术导弹的弹头主要装载普通的高爆弹药，可以多
种方法摧毁目标，如爆炸法、破甲法、破裂法、热压法、切割法和撞击法等。

爆炸法：当飞近目标时，导弹的弹头会凌空爆炸，以爆炸、碎片撕碎目标。

破甲法：导弹的弹头装上破甲弹，专挑坦克的硬壳，钻进去爆炸。

破裂法：破裂弹专门打击舰艇、岩洞、轻型装甲、建筑物、掩体和其他城
市目标，撕裂一切。

热压法：这种金属加力冲击的弹头专门攻击地上坚固建筑物和地下目标。
弹头的外壳和炸药之间加装了一层氟化铝粉末。弹头先钻入目标内，然后炸药
爆炸，铝混合粉散发开来，并迅速燃烧。它利用爆炸产生的超压冲击波、高温
燃烧和消耗氧气，窒息人员和毁伤装备。

切割法：弹头里面有许多锋利的杆子——连续杆，平时折叠在一起。弹头
爆炸时，连续杆在炸药推动下突然散开成为一个很大的环状链锯。它高速飞向
目标，锋利的链锯瞬间切割目标，提高摧毁目标的效果。

导弹的制导系统非常精密复杂，是真正的高科技　　　导弹控制和引导弹头攻击目标

　　根据外形和飞行方式，导弹分为两大类：巡航导弹和弹道导弹。巡航导弹在大气层内，依靠空气飞行，拥有弹体、弹翼、尾翼和舵面等。弹道导弹自带推进剂，主要在大气层外的太空飞行，几乎没有弹翼、尾翼和舵面等，飞行距离远，飞行速度快。

　　根据作战任务，导弹分为两大类：战略导弹和战术导弹。战略导弹，又分为远程导弹、洲际导弹，装载核弹头或常规弹头，主要进行战略威慑。战术导弹，又分为近程导弹、中程导弹，在大气层内飞行，主要进行作战、攻击和反导，摧毁敌人的坦克、装甲车、战机、舰艇、雷达、司令部、机场、港口、油库、铁路、车站、桥梁、地道和工事等目标。

　　根据射程，导弹分为四大类：近程、中程、远程和洲际导弹。洲际导弹可以携带多个氢弹弹头，每个弹头打击不同的目标。洲际导弹能飞上太空，飞越各大洲和大半个地球，进行全球攻击。

导弹分类与射程

导弹	分类	射程（国际标准）	射程（苏美标准）
战术导弹	近程导弹	1 000 千米以下	1 100 千米以下
	中程导弹	1 000~3 000 千米	1 100~2 700 千米
战略导弹	远程导弹	3 000~8 000 千米	2 700~5 500 千米
	洲际导弹	8 000~15 000 千米	5 500 千米以上

巡航导弹在大气层内飞行

弹道导弹

战略导弹装载核弹头或常规弹头，主要进行战略威慑

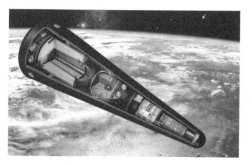

战术导弹主要装载常规弹头，进行作战、攻击和反导

洲际导弹的核弹头内部

导弹的功能不一样，分类很多。

根据敌我位置，导弹分为空空导弹、地空导弹、舰空导弹、空舰导弹、空地导弹、潜舰导弹、潜地导弹、地地导弹、岸舰导弹、舰地导弹、舰舰导弹等。

根据攻击目标，导弹分为反飞机导弹、反卫星导弹、反辐射导弹、反坦克导弹、反舰导弹、反潜导弹、反雷达导弹、反导导弹、反弹道导弹等。

根据弹头多少，导弹分为单弹头导弹、多弹头导弹。多弹头导弹可以是3颗、5颗弹头，最多可以达到10颗弹头。多弹头导弹主要用于洲际导弹。发射时，多弹头导弹都躲在一个弹头里。从太空重返大气层，接近目标时，多弹头导弹的弹头马上分离，各自寻找目标，同时攻击。

导弹的发射，与火箭发射方式一样。战术导弹的发射方式很多，它可以从发射筒、发射车、导弹车、战斗机、攻击机、直升机、无人机、舰艇、导弹舰、潜艇，甚至太空发射。

发射筒发射导弹　　　　　导弹车发射导弹　　　　　战斗机发射导弹

战斗机发射导弹

攻击机发射导弹

无人机发射导弹

舰艇发射导弹

洲际导弹可以从陆地、海洋、天空和太空发射。这称为发射平台，分为四种：陆基、海基、空基和天基。

陆基发射平台：从地面、地下发射井以及导弹卡车、导弹列车上发射洲际导弹。空基发射平台：战略轰炸机发射洲际导弹。海基发射平台：核潜艇发射洲际导弹。天基发射平台：航天器在太空发射洲际导弹。

陆基发射平台因为是固定基地，可以方便地进行维护和加油，还可以防止军事攻击和第一次核打击。轰炸机、核潜艇等移动发射导弹具有机动性强、隐形的优点。这让敌方很难迅速发现和反击。从太空发射洲际导弹，攻击时间最多几分钟，势不可挡。

洲际导弹非常大，较难隐藏和移动。为了解决这个问题，英国发明了导弹发射井，保护导弹不受第一次打击，同时也把燃料储存在地下。洲际导弹高速飞行，接近 7.7 千米/秒。这让拦截导弹变得困难。

高速飞行会烧毁导弹。当洲际导弹重返大气层时，高速飞行使导弹变得非常热，达到 1 500 ℃ 左右。为了防止高温，导弹弹头采用热分解的石墨等材料，制成防热层，保护导弹。早期导弹由厚胶合板保护。胶合板接近碳纤维/环氧树脂复合材料。它质量轻强度大，会缓慢碳化，保护导弹。

怎样精确攻击目标呢？导弹的精准度至关重要。精准度受到导航系统精度和地球物理信息的限制。战略导弹系统使用定制的集成电路，每秒计算数千到数百万次的导航微分方程，以减少单独计算引起的导航误差。

这些电路通常是一个二进制加法电路网络，不断重新计算导弹的位置，确认自己的方位和敌人的方位。根据发射前加载到导弹中的导航计划，计算机进行导航电路的输入和设置，保证导弹击中敌方目标，时间上不差分秒，空间上不差分毫。洲际导弹飞越半个地球，命中目标误差不会超过 50 米。

导弹是一个百变神通。它经过 60 多年的发展，现在已经变幻出无数种功

导弹发射井：盖子慢慢打开

导弹发射井里的洲际导弹

发射井发射洲际导弹

核潜艇发射导弹

能各异的导弹。最大的洲际导弹长约 20 米，大约 7 层楼高；最小的导弹像一颗小炮弹，如同玩具。现在，美国正在研发一种子弹大小的导弹，用手枪或步枪发射。敌人哪怕躲在墙角后面，也能一枪毙命。这种导弹号称：打完不管！人人都是神枪手。

导弹最怕雷达和红外探测器。如果被雷达和红外探测器扫描、照射和发现，导弹就会遭到拦截和击落。道高一尺，魔高一丈。为了防止扫描和照射，就诞生了一种反辐射导弹。这种导弹不怕雷达扫描和照射。雷达一旦扫描和照射，反辐射导弹就会记住和定位雷达，顺着照射的方向和位置，瞬间发射。哪怕是一架战机上的雷达照射，反辐射导弹都会紧追不放，直至击毁，毫不留情。

美国"地狱火"空地导弹是一种采用激光半主动制导技术的反坦克导弹，由洛克希德·马丁公司研制。它的特点是发射距离远、威力大和精度高。如果弹头安装了高爆弹药，可在 6 千米距离击穿坦克 40 厘米厚度的装甲。

在 1991 年的海湾战争中，"阿帕奇"武装直升机与 A-10 攻击机联合作战，在科威特北部地区一次就击毁了 80 辆行进中的伊军坦克，挫败了伊拉克坦克部队的阻击行动。在战争期间，美军发射了 4 000 多枚"地狱火"导弹，命中率高达 98%。"阿帕奇"直升机共发射 2 800 多枚"地狱火"导弹，击毁伊军各类目标 2 100 多个。

这些年，"地狱火"导弹经常装在"捕食者"和"死神"武装无人机上，精确猎杀恐怖分子，进行斩首行动。

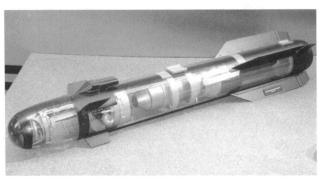

 "地狱火"导弹

7.2 斩首行动

美国长期以来一直在中东地区从事维和、反恐任务。美军的无人机、战机发射导弹和炸弹，打击恐怖主义的头领。导弹属于精确制导武器，攻击时非常精准。爆炸时，它总会炸出一个直径几米，甚至几十米的杀伤范围。

恐怖分子非常了解无人机空袭。他们为了躲避轰炸和暗杀，专门躲在妇女和孩童密集的地方，藏在老百姓的家里，让美军不敢袭击。

为了消灭恐怖分子，美军的导弹或炸弹爆炸，也经常造成平民死伤。因此，恐怖分子趁机大肆渲染和宣传：

"美军杀人了！杀死了妇女儿童！"

"阿拉伯兄弟们团结起来，杀死美国人！"

"既要杀死恐怖分子，又不能炸死老百姓。你们该怎么办？"美国总统奥巴马问道。

美国中央情报局局长抱怨道："这事很难办！我们已经伤透了脑筋。导弹可不会分辨谁是恐怖分子，谁是老百姓。"

"你们能不能研究一种新型导弹，只杀恐怖分子。"

"现在，卫星导航技术、制导技术已经精确到厘米级了。办法倒是有一个……我们正在研制一种新型导弹。"

美军和美国中央情报局早就开始研究"地狱火"导弹了。导弹专家取消了高爆战斗部，而安装了6片可旋转的锋利的钛合金刀片。平时，大刀片藏在导弹战斗部里。在最后一秒到达目标时，6片大刀片像弹簧刀一样突然弹开，立刻旋转切削，脑袋瞬间削成碎片。

这种导弹是冷兵器+高科技的结晶，令人心惊胆战。美军和中情局将这种弹簧刀式的导弹命名为"忍者"。日本忍者，就是隐藏在暗处，必要时突然跳出来，挥舞大刀，毫不留情地斩杀对手。

"忍者"导弹质量约45千克、1.6米长，代号R9X。它最厉害的是不会爆炸，甚至没有声音、强光、火焰、温度、烟雾、弹片和碎片，当然不会伤及老百姓。"忍者"导弹号称全世界最锋利的"军用剃刀""飞行砍刀"。

"忍者"导弹斩首恐怖分子，非常精准。它到底有多精准呢？中情局的暗杀专家自信地说："如果要斩首汽车后座的人，就不会伤害前座的人。如果要

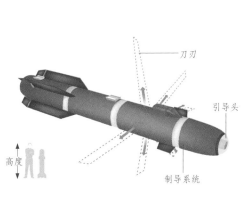

"忍者"导弹原理：6片大刀片

"死神"无人机上的"忍者"导弹

杀死汽车副驾驶座的人，就不会伤害驾驶座的人。"

"忍者"导弹来无影去无踪，悄无声息，杀人不眨眼，但不会伤害老百姓，一举多得。

2011年，"忍者"导弹研制成功，一直处于隐形状态，2017年初慢慢苏醒。"忍者"导弹要动手了！

埃及基地组织第二号头目叫阿布·卡西尔·马斯里。他还是本·拉登的保镖、女婿。1998年，马斯里策划和参与了美国驻肯尼亚和坦桑尼亚大使馆爆炸案，被美国等国通缉。

在2001年"9·11"爆炸案中，马斯里负责提供基地组织恐怖分子的旅行和费用，被美国等国追杀。2003—2015年期间，马斯里被拘留在伊朗。他在释放后前往叙利亚，再次加入基地组织，参加恐怖活动。这个恶魔一直躲藏在饱受战争蹂躏的叙利亚西北部的伊德利卜省。

2017年2月26日，中情局获得秘密情报，马斯里已经乘坐汽车外出。他穿着白色的阿拉伯袍子，从上到下遮盖得严严实实。

说时迟那时快！美军"死神"无人机发射"忍者"导弹。马斯里瞬间变成了肉酱。最令人吃惊的是，马斯里的司机没有受多重的伤。马斯里及其随从坐在后座上，被刀片旋转切割，精确命中。这是"忍者"导弹第一次袭杀。

2000年10月12日，美国海军"科尔"号导弹驱逐舰来到也门亚丁港加油。中午时分，一艘满载高爆炸药的小型气垫船突然冲向"科尔"号。一声猛烈的爆炸，将军舰左舷炸开一个宽6米、长12米的大洞，舰体向左倾斜多达40°。这次自杀式爆炸袭击，造成17名水兵死亡，39人受伤。

经过调查，主谋是本·拉登，主犯是也门基地组织的领导人、著名的恐怖分子头目贾马尔·阿达维。这个家伙胆大妄为，杀人不眨眼。他还谋划袭击美国"伯克"级驱逐舰之"苏利文"号。他被判死刑后，两次越狱逃跑，一直逍遥法外，成为美国中情局最想干掉的恐怖分子之一。

"忍者"导弹斩首行动的效果图：开膛破肚

2019 年 1 月 1 日，阿达维在也门马里卜省正悠闲地开车，准备饱餐一顿。突然，美军中央司令部的一架"捕食者"无人机发射"忍者"导弹。6 片大刀片瞬间撕开车顶，钻进车后座，将阿达维削成肉泥。

到 2019 年上半年，"忍者"导弹一共执行了 6 次精确打击和斩首行动，次次成功，干得十分漂亮。美军"忍者"导弹终于曝光。"忍者"导弹作战方式十分可怕，中情局特工都震惊：半秒钟时间！这绝对是比五马分尸还要惨烈！

7.3 反导进行时

导弹很厉害！

有矛就有盾，有盾就有矛！各国都在利用各种先进技术对导弹进行反制。

反制导弹，简称反导，就是探测、发现、跟踪、拦截、引诱和摧毁导弹。现在，反导武器和技术分为陆基反导、海基反导、空基反导、天基反导，也就是从陆地、海洋、空中和太空一起反导。

🌑 空基反导系统

🌑 海基反导系统

　　反导是关系到战争胜败输赢，甚至国家民族生死存亡的大事情。现在，反导技术主要利用防空导弹拦截和摧毁导弹。如果利用激光、电磁武器能有效地摧毁和撕裂导弹，那利用高科技诱骗、反制和摧毁导弹，甚至让敌人的导弹攻击敌人的目标，岂不快哉！

　　反导系统分为战略导弹反导系统和战术导弹反导系统。战略导弹反导系统主要在发射后、太空飞行中和再入大气层的过程中，摧毁敌方洲际导弹。战术导弹反导系统主要在飞行中击毁战术导弹。

　　目前，反导系统主要由指挥控制中心、管理系统、拦截导弹、发射平台、预警机、预警雷达、舰载预警雷达、预警卫星等组成。拦截导弹的发射平台可以分为三种：空基、陆基和海基。

　　世界上主要战术反导系统有美国的"爱国者"和"萨德"陆基反导系统，"宙斯盾"海基反导系统；俄罗斯的 S-300 和 S-400 反导系统等；以色列的"箭"反导系统；印度的"大地"反导系统；中国的"红旗-9"反导系统等。

　　怎样进行反导呢？反导预警系统利用红外、雷达和光学等侦察技术，发现和正确识别目标、干扰弹等，并对目标精确定位和跟踪，迅速做出决策，发射导弹进行拦截。

　　反导，是一场时间、空间的较量。当反导预警系统首先发现目标，再由目标识别系统，如红外、雷达或光学系统，分辨真假目标。反导预警系统必须瞬间确认和实时跟踪导弹的数量、方向、角度、速度、温度、型号和攻击目标

　美国"爱国者"反导系统的雷达和导弹发射器

　美国"萨德"反导系统的导弹发射器

⬆ 美国"宙斯盾"反导系统的导弹驱逐舰

⬆ 美国"宙斯盾"反导系统的"标准-3"反导导弹

⬆ 俄罗斯 S-300 反导系统

⬆ 俄罗斯 A-135 反导系统的导弹发射系统

⬆ 中国"红旗-9"反导系统

等，并立刻将这些信息交给引导系统。

反导，是一场智慧和技术的较量。引导系统由地面发射装置、目标跟踪雷达和引导雷达组成。根据反导预警系统提供的目标信息，目标跟踪雷达不停地侦测和跟踪目标的精确位置、速度等弹道参数，并将信息传输给指挥控制系统和引导雷达。

反导，是一场胆略和决策的较量。最佳时机，稍纵即逝。指挥控制系统迅速做出决策，下令发射反导导弹，并由引导雷达导引导弹，准确地拦截和摧毁目标。如果成功，自己就能暂时不死，先活一阵子，准备迎接下一波导弹的来袭。

7.4 红眼睛，大视野

在地球上反导，太难了！这好比一颗子弹击中另一颗高速飞行的子弹。

如果导弹近距离发射，你根本来不及逃跑，就一命呜呼了。

如果从远距离发射，你很难侦测。因为地球是圆的，受地球曲率影响，有时导弹很难被发现。当发现时，导弹已钻进你的家里，反导已经来不及了。

因此，在太空反导才能显出真本领！在太空中，反导卫星居高临下，能够看到一部分或大半个地球。如果 3 颗反导卫星运行在静止轨道，就能看见整个地球。当导弹一点火，就会喷射烈焰、产生高温和高压。反导卫星的红外探测器能感应一根火柴点燃的温度，瞬间就能发现导弹和它的飞行轨迹。

战术导弹，飞行不太快也不太远，在地球上还能反导一下；战略导弹，飞得快飞得高，在地球上更难反导。

美国反导专家说："洲际导弹一般装载 1 枚，最多达 10 枚核弹头。它的飞行距离大于 8 000 千米，甚至达到 1.2 万千米。"

反导专家认为，洲际导弹发射后，共分为三个飞行阶段：上升飞行阶段、中段飞行阶段和再入大气层阶段。最好将导弹在中段飞行阶段就拦截击毁。如果不行，在再入大气层阶段前再次拦截击毁。如果导弹预警卫星能从太空看见洲际导弹发射，后在其上升阶段就击毁导弹，那是最好了。

美军研制了第四代导弹预警卫星——"天基红外"导弹预警卫星。根据在太空飞行的轨道高度，"天基红外"卫星分为三种："天基红外-H"卫星，美军内部代号"秃鹫"；"天基红外-G"卫星，代号"秃鹰"；"天基红外-L"卫星，秘密代号"金雕"。卫星的模样不同，功能一样，运行在三种轨道上，为地球编制了三张立体交叉的天罗地网。

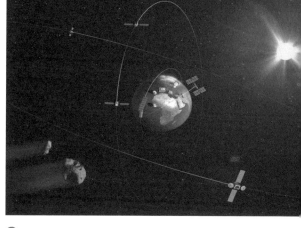

"秃鹰"导弹预警卫星，沿地球的纬度，运行在地球赤道上空36 000千米的静止轨道。它飞得高看得远，可24小时同步监视40%的地球。当3颗卫星组成星座，就可监视全球动静。

"秃鹫"导弹预警卫星，沿地球的经度，运行在倾角63.4°的地球南北极

💿 导弹预警卫星——"天基红外"卫星运行在三种轨道上

方向的高椭圆轨道，可长时间侦察监控北半球，以及欧洲北部、俄罗斯、格陵兰岛和加拿大。

"金雕"导弹预警卫星，飞行在低轨道。它飞得低看得清，对导弹发射时尾焰产生的红外辐射进行探测成像，并将红外辐射图像信号变换为数字信号，传输至指挥控制中心，从而提供敌方导弹发射的预警信号。

"天基红外"系列卫星能提供25~30分钟的预警时间。它执行四大任务：导弹预警、导弹防御、导弹技术情报和战场空间表征。"天基红外"卫星提供全球和战区有关的导弹发射、导弹飞行、攻击目标、导弹落点等高速红外数据和处理信息，以及其他国家和战区的导弹红外事件，指导战略和战术导弹防

高椭圆轨道

高椭圆轨道，又称为大椭圆轨道、闪电轨道。这种轨道的形状比椭圆轨道更高或更长，常用于侦察卫星、气象卫星、地球观测卫星，以及航天器等的转移轨道。

高椭圆轨道的特点是：卫星到达和离开远地点的过程很长，经过近地点的过程极短。这样，卫星对远地点下方地区的覆盖时间可以超过12小时。

高椭圆轨道的优点是：卫星可飞

椭圆轨道　　高椭圆轨道

💿 高椭圆轨道与椭圆轨道比较

行在地球上空几百千米的近地点，沿着低轨道，进行详察检测；又可飞行到40 000多千米的远地点，从很高的高度、长时间观测全球。

御。如果与陆基、海基导弹防御系统联合，威力就更大。

"秃鹫"导弹预警卫星，安装了两套侦察仪器：一套导弹预警系统，一套电子侦察系统。在执行导弹预警任务时，它称为"秃鹫"导弹预警卫星；在执行电子侦察任务时，它又称为"小号"电子侦察卫星。

美国空军称"秃鹫"预警卫星是一个同卵"双胞胎"。它装载了两个一模一样的反导预警系统：广角成像中性原子光谱仪。"双胞胎"有提供新的磁层立体成像的能力，让导弹显形，无处躲藏。

"秃鹫"预警卫星还运行在高轨道、大倾角的轨道上，广角成像中性原子光谱仪拍摄影像需要1~100千伏的电力，由太阳能帆板提供。"双胞胎"可以拍摄大尺度、立体和动态内磁层的图像。

"秃鹫"预警卫星装有两台红外探测器：一台是高速"扫描"型传感器，另一台是"凝视"型传感器。传感器利用红外望远镜内的瞄准镜。"扫描"型传感器提供一个较短时间迅速普察扫描地球的功能，比"国防"导弹预警卫星具有更宽的视野。"凝视"型传感器可以盯住导弹凝视详察，具有快速识别、放大图像、分辨真假的功能。

当卫星工作时，先由高速"扫描"型传感器探测导弹发射时喷出的尾焰。如果发现目标，它就将已探测到的信息提供给"凝视"型传感器。"凝视"型传感器就将导弹发射和飞行的画面拉近放大，紧盯可疑目标，获取详细信息。"秃鹫"预警卫星能在导弹发射后10~20秒内将警报信息传送给地面部队。

2006年6月28日，"秃鹫-1"号预警卫星在范登堡空军基地搭乘"德尔塔-4M"运载火箭成功发射。它运行在近地点1 111千米，远地点37 594千米，轨道倾角62.4°的高椭圆轨道上。"秃鹫"导弹预警卫星共发射了4颗，进入战斗值班，正式取代"国防"导弹预警卫星。

秃鹰、秃鹫、金雕，都属于眼光犀利的猛禽，这几个名称的卫星也有同样特点。

"秃鹰"导弹预警卫星，运行在地球静止轨道，站得高看得远。它呈长方

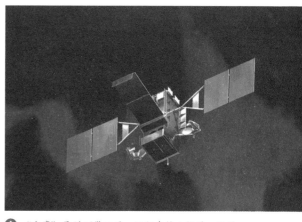

体，质量 4 500 千克，两个太阳能帆板，设计寿命 12 年。卫星装载 2 台红外侦察仪器：一台高速扫描、全球覆盖的"扫描"型传感器，一台精确检测与跟踪的"凝视"型传感器。

卫星专家称，"秃鹰"的两台红外探测器的工作方式不一样。短波红外的"扫描"型探测器，拥有宽视场，

"秃鹰"导弹预警卫星：运行在静止轨道，闪耀红色的眼睛

在导弹发射阶段可观测到明亮和高温的羽烟。"凝视"型多谱跟踪探测器，拥有窄视场，用中波、中长波和长波红外及可见光跟踪导弹。卫星将预测出导弹弹道，以及弹头的落点。"秃鹰"成双成对工作，两颗卫星运行在同一轨道上，提供立体观测。

"秃鹰"导弹预警卫星有更大的灵活性和敏感性，可以检测短波和中波红外信号，执行绝大部分导弹的预警任务。这些增强的功能将提高全球战略和战术作战的预测精度。卫星专家说："它就像照妖镜，让导弹无处隐藏。"

如果把"秃鹰"预警卫星比作眼睛的话，传感器则是眼睛中的瞳孔。它的红外传感器由美国著名的诺斯罗普·格鲁曼公司研制。"秃鹰"预警卫星由多颗卫星组成星座。它到底有多能干呢？"秃鹰"的扫描速度和灵敏度，比"国防"预警卫星高 10 倍。

美国空军执行"秃鹰"预警卫星的飞行控制任务。

截至 2018 年 1 月，美国共发射了 8 颗"天基红外"导弹预警卫星：4 颗"秃鹫"预警卫星，运行在大椭圆轨道；4 颗"秃鹰"预警卫星，运行在静止轨道。为了确保全球覆盖，"天基红外"卫星系统必须包括 6 颗"秃鹰"卫星和 4 颗"秃鹫"卫星。它们共同组成了覆盖全球、高低交叉的导弹预警网。

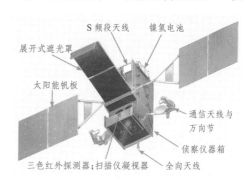

"秃鹰"导弹预警卫星结构图

7.5 太空新战场

"这是一个好消息，值得庆贺！"

一天，美国国防部长很自豪地夸耀道："金雕"导弹预警卫星，将开辟新的太空战场。这要感谢建造卫星的诺斯罗普·格鲁曼太空技术公司和研制传感器的雷神公司。"

原来，美国国防部将"天基红外–L"导弹预警卫星部署在低轨道，与"秃鹫""秃鹰"卫星一起组成太空导弹预警的天罗地网。后来，这种卫星增加了几种太空跟踪与侦察仪器。美国国防部将它改名为"太空跟踪与侦察监视"卫星，内部代号"金雕"导弹预警卫星。

"金雕"导弹预警卫星质量 1 000 千克，两个太阳能电池帆板，设计寿命5 年。它的身上装满了各种最先进的探测器、传感器和侦察仪器。"金雕"卫星由 24 颗卫星组成星座，覆盖全球。

"金雕"最善于侦测洲际导弹，拥有三大功能：太空侦察、跟踪监视、导弹预警。它具有红外与可见光传感器检测和跟踪弹道导弹的非凡能力。"金雕"的探测频率约 10 秒，反应时间 50~60 秒，传输时间少于 90 秒。

"金雕"卫星能够几颗卫星组成星座，联合作战，立体观测导弹发射的全过程。卫星之间还可相互实时通信。如果导弹飞出一颗卫星的视线，这颗卫星能通过通信的链路，将收集的导弹信息转发给下一颗卫星或其他卫星。如果信号传输给"类星体"中继通信卫星，就可全球传输给美国国防部、美国导弹防御局、美国空军太空与导弹系统中心。

2009 年 9 月 25 日，在卡纳维拉尔角空军基地，一枚"德尔塔"火箭将"金雕–1"号和"金雕–2"号卫星双星发射升空。"金雕"卫星运行在轨道高度 1 350 千米，轨道倾角 58°的圆形低轨道上。

在轨道高度 1 350 千米，"金雕"可侦察 1 350 千米以下的太空、洲际导弹和近地轨道卫星。在这种轨道倾角，"金雕"可侦察南北纬 58°内的地球。俄罗斯、中国、朝鲜、伊朗、叙利亚的导弹发射尽在眼皮底下。

目前，"金雕"卫星是唯一全球性的导弹防御系统，能够在导弹飞行的所有阶段、在任何地理位置检测和发现目标导弹的轨迹。

它到底干了哪些事呢？这是秘密，不知道！

"金雕"导弹预警卫星怎样进行侦察和预警呢？"金雕"为未来洲际导弹防御描绘了惊险的场面。

美国国防部为"金雕"卫星制定了多套导弹防御计划，主要针对俄罗斯、中国和朝鲜。洲际导弹防御计划分为三个阶段。

第一阶段，卫星预警。当敌人的洲际导弹发射升空，"国防"预警卫星 5 秒钟内向导弹防御系统发出警报。"金雕"马上探测导弹，从扫描到凝视跟踪。它计算、分析、报告导弹发射地点、发射数量、型号等级等发射参数，向导弹防御系统发出预警。

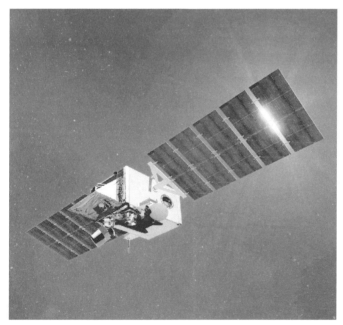

"金雕"导弹预警卫星运行在低轨道

"金雕"导弹预警卫星

"金雕"导弹预警卫星可立体观测

第二阶段，跟踪计算。当洲际导弹进入飞行阶段，最先发现导弹的"金雕"卫星跟踪计算导弹的弹道、时间、方向、速度和可能的弹着点。另外的"金雕"卫星接力跟踪计算导弹的弹道、时间、方向、速度和可能的弹着点，分辨真假目标、诱饵目标和残片目标。美国空军的预警机、位于毛伊岛和卡瓦利空军站的相控阵雷达也跟踪弹道导弹。

第三阶段，防御拦截。每颗能探测到导弹的"金雕"卫星，都随时向导弹防御系统发出导弹信息警报。当导弹再入大气层前，导弹防御系统根据弹道轨迹确定最后的攻击目标、弹着点、时间和破坏力等。美国位于夸贾林环礁的相控阵雷达锁定来袭的洲际导弹，"国防"弹道导弹防御系统立即启动。位于夸贾林环礁、"宙斯盾"导弹驱逐舰上的反导导弹发射迎敌。

当导弹预警卫星拼命预警的时候，洲际导弹防御系统中的其他空基、陆基和海基预警系统，也立即启动预警程序。

"哇呜、哇呜、哇呜……"警报声响彻导弹阵地。反导官兵快速进入战斗准备。这时，美国海军的"宙斯盾"雷达、"标准-3"拦截导弹转动方向，寻找目标。美国导弹防御局、美国陆军的"萨德"反导系统紧急开机。

"标准-3"导弹属于短程和中程导弹的拦截导弹，也能在低轨道上攻击卫星。它有 1 枚飞跃弹头，质量 1.5 吨，长度 6.55 米，最大直径 53.3 米，翼展 1.57 米；射程 700~2 500 千米；最快速度 5.1 千米/秒，相当于 15.25 马赫。它的制导系统为导航卫星、惯性制导、半主动雷达制导、被动红外导引头。

"萨德"导弹属于高空和太空低轨道拦截导弹，拥有强大的目标识别能力，8 联发导弹。它的质量 900 千克，长度 6.17 米，直径 0.34 米；速度 2.8 千米/秒，大约 8.24 马赫；制导系统为

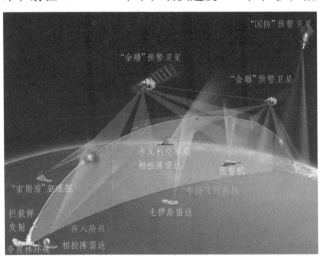

↑ "金雕"导弹预警卫星反导作战图

成像红外导引头。

　　"萨德"导弹的射程达到 300 千米，拦截高度为 40~180 千米。这个高度恰好是大气层的高层和太空的低层，也正好是射程 3 500 千米以上的远程和洲际导弹的飞行末段，以及射程 3 500 千米以下的中近程导弹的飞行中段。"萨德"导弹号称"当今世界唯一能在大气层内外拦截弹道导弹的陆基反导系统"。

　　"标准–3"导弹、"萨德"导弹紧急响应，计算出拦截参数。数枚拦截导弹升空，将敌人的洲际导弹在低轨道太空或刚进入大气层时撞击摧毁，或拦腰斩断。

　　如果拦截洲际导弹失败，反导系统再发射第二枚、第三枚拦截导弹，继续拦腰斩断敌人导弹。导弹预警卫星不是看见敌人的导弹被打爆头，就是看见自己的首都、战略要地被夷为平地，不会有别的可能。

　　随着太空技术的发展，美国导弹防御系统已经发生深刻变化。2000 年后，美国空军试验了小卫星攻击、截击卫星攻击、激光攻击、地面导弹攻击、卫星抓捕擒获"敌星"等太空军事试验。"金雕"卫星又开辟了新的反导道路。

●　"金雕"卫星反导图

●　"萨德"导弹发射升空

●　"标准–3"导弹发射

7.6 "牵牛花"反导卫星

2010年，美国空军提出了一项少花钱多办事、一锤定音的太空反导计划：建造一种太空反导卫星，飞行在36 000千米高度的静止轨道，侦察、诱骗、反制和摧毁洲际导弹，甚至各种导弹。

美国洛克希德·马丁公司和美国空军卫星专家们提出了许多建议：

如果能在更高的静止轨道俯瞰低轨道的太空，那不是更好吗？

如果一颗反导卫星能代替庞大、复杂和效果不靠谱的地面反导系统，不是更省钱吗？

如果一颗反导卫星能发挥多颗导弹预警卫星的功能，那不就能以一当十吗？

如果能在太空就干扰、破坏敌方导弹、洲际导弹的飞行和路线该多好啊！

如果让敌方的卫星变傻，洲际导弹转弯、自毁，自己炸自己，那就更好了！

卫星专家们朝思暮想、挖空心思，想到一个好办法。他们将"秃鹰"预警卫星改装成新型的反导卫星——"牵牛花"反导卫星。

"秃鹰"预警卫星已经进化为反导卫星，反导卫星与导弹预警卫星有什么区别吗？导弹预警卫星只能探测、发现和预报导弹。反导卫星不仅能探测、发现和预报导弹，最大的本领是还能利用高科技，亲自干掉导弹。"牵

这么多导弹，怎么办

导弹已经发射！怎样诱拐和劫持它呢

"牛花"反导卫星已经超越了导弹预警卫星的概念和定义。它是世界上第一种反导卫星。

"牵牛花"反导卫星有多厉害呢？它的质量4 500千克，设计寿命12年，采用"A2100M"卫星平台，两个可展开式太阳能帆板。"牵牛花"的红外传感器比"秃鹰"预警卫星的更灵活、更灵敏。它能够更快检测短波和中波红外信号，执行更广泛的任务。全球战略和战术作战人员很高兴地夸奖道，这些增强的能力将提高预测导弹的精度。

"牵牛花"的红外传感器包括：一个扫描传感器和一个凝视传感器。传感器的指向是通过望远镜内的指向镜完成，非常精准。扫描传感器可快速扫描整个视野范围，比任何预警卫星的侦察范围更大、时间更短。凝视传感器可快速进行步进凝视或专用凝视，几秒钟时间就可精确跟踪和计算导弹的飞行航向、时间、速度、变化和目标。

"牵牛花"反导卫星装载了无线电频率传感器、无线电干扰器、无线电劫持器等反导武器。

无线电频率传感器能侦测导弹发射或接收的无线电频率和信号。如果无线电信号被破译或解密，导弹的秘密就暴露无遗。如果"牵牛花"利用无线电频率，发射超强的无线电信号，覆盖或阻挡正常信号，导弹就可能被劫持。

无线电干扰器是一种干扰无线电频率和通

"牵牛花"反导卫星：劫持导弹原路返回，让敌自杀

信的仪器。它的信号非常强，能覆盖或扰乱导弹发射或接收的无线电频率。如果导弹发射的无线电频率被干扰，敌方就不知道导弹真实的状况，一切都在瞎指挥。如果导弹接收的无线电频率被干扰，导弹就会瞎飞。

无线电劫持器是一种劫持无线电频率和通信的仪器。如果"牵牛花"反导卫星给导弹植入病毒或木马，导弹就可能成为"牵牛花"的玩具。导弹可能迷迷糊糊乱飞，最终自杀身亡；也可能撞击自己国家的卫星，同归于尽；最大可能是沿原路返回，攻击自己的发射基地。

反导卫星专家说过，导弹、卫星、坦克、战机、军舰等武器，都拥有通信系统和导航系统，用无线电联络，用导航系统定位和导航。因此，各种先进武器最容易遭受病毒入侵和诱拐劫持。这是各种武器、通信系统和导航系统的弱点。

"牵牛花"反导卫星真的那么厉害吗？"牵牛花"可以劫持卫星、导弹、战机、军舰，后果不堪设想。美军则使用激光通信和加密通信，绝不受侦测、干扰和劫持。反导卫星专家描绘了一幅惊心动魄的诱拐、劫持洲际导弹的太空反导景象——

某年某月某日，某个国家的武疯子怒从心头起，恶向胆边生，下令向美国发射洲际导弹。十几枚核导弹腾空而起，喷射烈焰，呼啸而去。核导弹突破卡门线，飞越太平洋，朝着美国大陆飞奔而去。

🎧 太空反导：核导弹沿原路返回，攻击自己的发射基地

从核导弹一点火发射，"牵牛花"反导卫星就能发现和探测到核导弹的飞行轨迹。卫星立刻拦截了核导弹的通信信号和导航信号，立刻破译密码。同时，"牵牛花"屏蔽了核导弹与发射基地的通信信号。核导弹立马成了"瞎子""聋子"和"哑巴"。

"牵牛花"开始大显身手。它假冒主人，给核导弹发送了一个破译后的密码信号，顺便植入了几个木马病毒。木马病毒立刻发作，劫持了核导弹的

太空狩猎：绝密战斗计划

中央计算机、通信信号和导航信号。核导弹成了"牵牛花"的玩偶，稀里糊涂地听从各种指令。它马上一个急转弯，疯狂地飞回自己的发射基地。

古人称，开弓没有回头箭，落子无悔大丈夫。这次，导弹发射基地的官兵们眼睁睁地看见，自己发射的核导弹扑向自己。轰！一切都结束了！这正是：开弓引来回头箭，落子爆炸大丈夫。

太空反导，玩的就是高科技！

现在，开始玩真格的了！2018年1月20日，"牵牛花"反导卫星搭乘"宇宙神-5"号火箭，从美国佛罗里达州卡纳维拉尔角空军基地发射升空，运行在36 000千米的静止轨道，进入战斗值班。为了迷惑世界，"牵牛花"反导卫星仍然以"秃鹰-4"号导弹预警卫星的身份飞天，美国国防部编号"USA-282"号军事卫星。

"牵牛花"反导卫星是世界上第一种反导卫星和太空反导武器，它的发射意义非常重大。"牵牛花"不仅仅是导弹预警卫星、反导卫星，而且已经从战略卫星，变成战术卫星，从防御型卫星，变成了进攻型卫星。

这是卫星的一小步，却是导弹预警、导弹防御、太空反导的一大步。如果反导卫星、导弹预警卫星、太空侦察卫星都装备无线电反导武器，一招就可以将导弹、洲际导弹置于死地，撕成碎片，简单、迅速、干脆！

各国一般都夸耀自己的卫星，而"牵牛花"反导卫星一直隐藏自己的太空反导能力。

美国国防部说："它就是一颗普通的卫星，一碟小菜。"

卫星专家们却说："它是导弹的梦魇、洲际导弹的杀手。"

谁在指挥"牵牛花"反导卫星呢？这是一个秘密！极有可能是总部设在科罗拉

🌑 一次战斗，还是一场阴谋

181

多州巴克利空军基地的第 460 太空联队第 460 太空作战中队，指挥"牵牛花"反导卫星的作战行动。据说官兵们 24 小时轮流值班，不放过任何一秒钟和任何一个疑点。

第 460 太空作战中队指挥官凯西中校说：新卫星、新太空，只可意会，不可言传。

"牵牛花"反导卫星已经进入战斗值班。"牵牛花"总有一天会大显身手。

战斗总在神机妙算中爆发！

2018 年 9 月 17 日晚，俄罗斯一架"伊尔-20M"电子侦察机在叙利亚伊德利卜省上空执行作战任务。

10 时 07 分，"伊尔-20M"号侦察机被击落，机上 15 人不幸遇难。残骸坠落在叙利亚拉塔基亚省巴尼亚斯镇以西约 30 千米的大海里。

第二天，俄罗斯国防部长谢尔盖·库茹盖托维奇·绍伊古称：15 名俄罗斯军人死亡的责任完全在于以色列。国防部发言人指责道：事发时，以色列空军 4 架 F-16 战机利用"伊尔-20M"侦察机作为掩护，对叙利亚境内目标进行空袭。叙利亚发射了俄制 S-200 地空导弹，误击了"伊尔-20M"侦察机。

这真是大水冲了龙王庙！俄罗斯自己研制的导弹，击毁了自己的飞机。罪魁祸首竟然是俄罗斯的友军叙利亚防空部队。俗话说：不怕强大的对手，就怕猪一样的队友。俄罗斯很丢脸，但不能声张。俄罗斯向以色列讨公道：为什么你们把我们的飞机当挡箭牌？

"冤枉啊！我们在攻击开始前两分钟，就将攻击行动通知你们了。"以色列申辩道，"9 时 40 分时，我们的战机开始空袭拉塔基亚，你们飞机出事时我们已在以色列领空。9 时 51 分，叙利亚发射 S-200 导弹。10 时 07 分，你们的飞机被击落。这能怪我们吗？"

导弹专家分析道，俄罗斯与叙利亚之间有敌我识别系统。在现在的技术下，误击是不可能的！如果真的发生误击，那只有两种情况：第一种，攻击方发动电子战；第二种，某攻击方破译了俄罗斯与叙利亚之间的敌我识别系统。

谁在发动电子战呢？没人！这是怎么回事？实际上，世界上有两个国家知道其中奥秘：一个是俄罗斯，一个是美国。

俄罗斯知道这是美国搞的鬼，导弹误击事件完全是一场阴谋。美国与以色列合谋，利用以色列 F-16 战机作诱饵，引诱叙利亚发射 S-200 导弹。"牵牛花"反导卫星在太空中劫持 S-200 导弹，然后攻击俄罗斯的"伊尔-20M"电子侦察机。

俄罗斯真是哑巴吃黄连——有苦说不出。导弹击落侦察机事件半个月后，俄罗斯国防部长绍伊古嘟嘟囔囔地宣布："俄罗斯……也有反导卫星！"这更证实：俄罗斯哑巴吃饺子——心里有数，明白是美国反导卫星劫持了叙利亚导弹，攻击了俄罗斯侦察机。

"牵牛花"卫星笑了……

事情越闹越大了！美国拥有了反导卫星，而俄罗斯没有。美国有恃无恐，再也不怕导弹攻击了。美国开始鸡蛋里挑骨头了。2018 年 10 月 20 日，美国指责俄方：你们四年来多次违反《中导条约》规定，我们准备退出，不跟你们玩了。2019 年 2 月 2 日，俄罗斯总统普京宣布：算你狠！我们也暂停履行《中导条约》义务。

什么是《中导条约》呢？1987 年 12 月 8 日，为了防止核大战，美、苏两国在华盛顿签订了《美苏消除两国中程和中短程导弹条约》，简称《中导条约》。《条约》约定：两国不再保持、生产和试验射程在 500~5 500 千米的陆基巡航导弹和弹道导

⬆ 俄制 S-200 防空导弹，射程 300 千米，能够自行搜寻目标

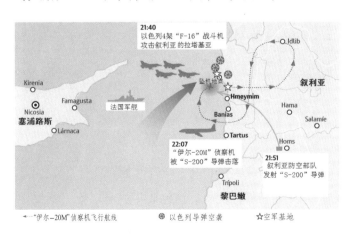

◄⋯ "伊尔-20M"侦察机飞行航线　✸ 以色列导弹空袭　☆空军基地

⬆ "伊尔-20M"侦察机被击落的时空图

↑ 美国范登堡空军基地第 576 飞行试验中队官兵监视着洲际导弹的发射

↑ 反导卫星：开辟新战场

弹。《中导条约》是保证世界和平、防止核大战的最后一道保险。2019 年 8 月 2 日，美国宣布退出《中导条约》，真的不跟俄罗斯玩了。

谁拥有了反导卫星，谁就是老大！"牵牛花"反导卫星劫持导弹，击落侦察机，立下大功，意义非凡，影响深远。反导卫星将在太空反导中发挥越来越大的作用。导弹已经不能算作先进武器，甚至会成为自杀的武器。不久的将来，导弹即将黯然退出战场，甚至退出历史舞台。

2018 年 8 月，美国空军宣布：投入 29 亿美元，建造三颗"迷魂草"反导卫星、两颗"断肠草"反导卫星。反导专家号称：这是专门为洲际导弹和战术导弹准备的"迷魂汤"。这两种卫星一个环绕地球赤道飞行，从 36 000 千米高度的静止轨道俯瞰地球；一个环绕地球南北极的低轨道飞行，组成覆盖全球的反导网，联合作战。预计 2023 年，第一颗"迷魂草"和"断肠草"反导卫星将发射，执行战斗值班。新一幕反导大戏即将开始！

反导卫星，为谁敲响丧钟！